반도체가 뭐야?

눈에 안 보여도 세상을 바꾸는 기술 이야기

반도체가 뭐야?
눈에 안 보여도 세상을 바꾸는 기술 이야기

초판1쇄 인쇄 | 2025년 12월 31일
초판1쇄 발행 | 2025년 12월 31일
저자 | 강문희
발행처 | 충북대학교 출판부
발행인 | 고창섭
주소 | 28644 충북 청주시 서원구 충대로 1
전화 | 043-261-2952, 3014
팩스 | 043-274-1256
이메일 | presscbu@chungbuk.ac.kr
등록 | 제1983-2001-7호
인쇄처 | (주)케이랩

ISBN 978-89-7295-577-1 03560
값 15,000원

* 이 저서는 2025학년도 충북대학교 국립대학육성사업에 의하여 지원 발간되었음

반도체가 뭐야?

눈에 안 보여도 세상을 바꾸는 기술 이야기

강문희

충북대학교 출판부

들어가는 말

예전에 한 TV 프로그램에서, 한식 요리연구가가 패널에게 장(醬)의 종류에 대해 물어본 적이 있다. 패널이 제대로 대답하지 못하자, 그는 "어떻게 한국인으로서 매일 먹는 음식에 대해 모를 수 있느냐"고 반문했다. 그렇다. 관심이 없으면 매일 접하고 익숙한 것조차 잘 모를 수 있다.

반도체도 마찬가지다. 우리는 매일 반도체에 둘러싸여 살아간다. 스마트폰, 컴퓨터, 자동차, 가전제품 등 수많은 일상 속 기기들이 모두 반도체를 기반으로 작동한다. 나아가 반도체는 대한민국의 대표 수출품이자 국가 경제를 이끄는 핵심 산업이다. 그런데도 정작 우리는 반도체에 대해 잘 모른다. 그저 작고 복잡하며, 똑똑한 누군가가 어렵게 만들어내는 기술 정도로 인식되기 쉽다.

사실 반도체 기술을 깊이 이해하는 것은 쉽지 않다. 전공자라 해도 석·박사 수준의 전문 지식이 요구되며, 박사 학위를 받았다고 해도 자신의 세부 전공 분야 외에는 생소한 영역이 많다. 하지만 꼭 전공자가 아니더라도, 반도체에 대한 기본적인 이해는 분명 여러모로 도움이 된다. 반도체 분야로 진로를 고민하는 학생이나, 반도체 관련 기업에 투자하려는 투자자라면, 기초적인 개념만 알고 있어도 훨씬 현명한 판단을 내릴 수 있을 것이다.

이 책은 반도체 전공자를 위한 전문서는 아니다. 반도체에 관심 있는 비전공자, 특히 중·고등학생이나 대학생, 일반인들이 반도체의 전반적인 개념을 쉽게 이해할 수 있도록 돕기 위해 집필되었다. 시중에 나와 있는 반도체 서적은 대부분 전공자를 위한 심화서이거나, 너무 기초적인 수준에 그쳐 최신 기술이나 트렌드를 반영하지 못하는 경우가 많다. 마치 현대사가 빠진 역사책을 보는 듯한 아쉬움이 남는다.

그래서 이 책은 지나치게 어려운 기술 설명보다는, 반도체 관련 뉴스를 읽고 이해할 수 있을 정도의 기술적 배경을 제공하는 데 초점을 맞췄다. '파운드리', '팹리스', '포토레지스트', 'EUV', 'FinFET' 등 뉴스에 자주 등장하는 용어들을 이해할 수 있는 수준까지, 독자들을 이끌어가고자 한다.

2025년 반도체쟁이

Contents

1

반도체란?

1.
반도체란?

1.1. 반도체: 절반만 도체

절반만 전기를 흘리는 반도체

먼저, '반도체'라는 단어가 어떤 뜻을 가지고 있는지부터 알아보자.

백과사전에 따르면, 반도체란 "전기 전도성을 기준으로 볼 때, 도체와 부도체의 중간 성질을 가진 물질"이라고 설명되어 있다. 영어로는 semiconductor라고 하는데, 여기서 semi는 '절반', conductor는 '도체'를 의미한다. 즉, 반도체란 전기를 아주 잘 흐르게 하는 도체와, 거의 흐르지 않는 부도체의 중간 정도 되는 성질을 가진 물질이다.

그렇다면 왜 이렇게 애매한 성질을 가진 반도체가 중요한 것일까?

이 부분을 쉽게 이해하기 위해 물을 예로 들어보자. 수도꼭지를 틀었을 때, 물이 항상 콸콸 쏟아져 나오는 것이 과연 좋기만 할까(도체)? 아니면 물이 전혀 나오지 않는 것이 더 나을까(부도체)? 둘 다 불편할 수 있다. 우리가 원하는 것은 필요할 때 원하는 만큼만 물이 나오는 수도꼭지일 것이다. 그래야 물 낭비도 줄이고, 상황에 맞게 조절할 수 있기 때문이다. 반도체도 이와 비슷하다. 전기가 항상 흐르거나, 아예 흐르지 않는 것보다는, 우리가 원하는 때에 원하는 양만큼 전기가 흐르도록 조절할 수 있는 것이 훨씬 유용하다.

반도체는 전기의 흐름을 켜고 끌 수 있으며, 흐르는 양(전류)도 조절할 수 있다. 이러한 특성 덕분에 반도체는 컴퓨터, 스마트폰, TV, 자동차 등 다양한 전자기기에서 핵심적인 역할을 한다. 전기 신호를 정밀하게 조절해야 하는 거의 모든 전자제품 속에는 반도체가 들어 있다고 해도 과언이 아니다.

도체, 부도체, 반도체 물질의 특징

전기가 잘 흐르는 물질을 우리는 도체라고 부른다. 대표적인 도체로는 구리, 은, 금, 알루미늄 같은 금속들이 있다. 이러한 금속들은 전자들이 자유롭게 이동할 수 있는 구조를 가지고 있기 때문에, 외부에서 전압이 가해졌을 때 전기가 쉽게 흐를 수 있다. 그래서 전선이나 전자기기의 회로에는 주로 이러한 도체들이 배선 물질로 사용된다.

반면에, 유리나 고무처럼 전기가 거의 흐르지 않는 물질도 있다. 이런 물질은 부도체 또는 절연체라고 부른다. 부도체는 내부에 자유롭게 움직일 수 있는 전자가 거의 없기 때문에, 전기를 흐르게 하기가 매우 어렵다. 이러한 특성 덕분에 부도체는 전선의 겉을 감싸는 피복이나, 전기 충격을 막기 위한 절연 장비 등에 자주 사용된다.

그렇다면 반도체는 어떤 물질일까?

앞서 말했듯이 반도체는 도체와 부도체의 중간 정도 성질을 가진 물질이다. 다시 말해, 어떤 조건에서는 전기가 흐르기도 하고, 또 어떤 조건에서는 전기가 거의 흐르지 않기도 하는, 매우 독특한 성질을 가진 물질이다. 대표적인 반도체 물질로는 실리콘(Si), 저마늄(Ge), 탄소(C) 등이 있다. 이들 물질은 주기율표상에서 4족 원소에 해당하며, 원자의 최외곽 껍질에 전자가 4개 있다는 공통된 특징을 가지고 있다.

그 중에서도 가장 많이 쓰이는 반도체 물질은 바로 실리콘이다. 실리콘은 지구상에서 산소 다음으로 풍부하게 존재하는 원소이기도 하고, 가공이 쉽고 가격도 비교적 저렴하여 대량 생산에 적합하다. 이런 이유로 오늘날 우리가 사용하는 대부분의 반도체 칩은 실리콘을 기반으로 만들어지고 있으며, 흔히 '반도체'라고 하면 실리콘 반도체를 떠올릴 정도로 널리 활용되고 있다.

족 주기	1 (1A)	2 (2A)	3 (3B)	4 (4B)	5 (5B)	6 (6B)	7 (7B)	8 (8B)	9 (8B)	10 (8B)	11 (1B)	12 (2B)	13 (3A)	14 (4A)	15 (5A)	16 (6A)	17 (7A)	18 (8A)
1	H 수소 1.008																	He 헬륨 4.003
2	Li 리튬 6.94	Be 베릴륨 9.0122											B 붕소 10.81	C 탄소 12.011	N 질소 14.007	O 산소 15.999	F 플루오린 18.998	Ne 네온 20.180
3	Na 나트륨 22.9898	Mg 마그네슘 24.3050											Al 알루미늄 26.9815	Si 규소 28.086	P 인 30.9738	S 황 32.06	Cl 염소 35.45	Ar 아르곤 39.948
4	K 칼륨 39.0983	Ca 칼슘 40.078	Sc 스칸듐 44.956	Ti 타이타늄 47.867	V 바나듐 50.9415	Cr 크롬 51.9961	Mn 망가니즈 54.938	Fe 철 55.845	Co 코발트 58.933	Ni 니켈 58.693	Cu 구리 63.546	Zn 아연 65.38	Ga 갈륨 69.723	Ge 저마늄 72.63	As 비소 74.922	Se 셀레늄 78.96	Br 브롬 79.904	Kr 크립톤 83.798

주기율표

실리콘은 반도체로 가장 널리 사용되는 원소이다. 이 실리콘 원자는 최외각 전자, 즉 원자 껍질의 가장 바깥쪽에 전자 4개를 가지고 있다. 그런데 대부분의 원자는 자신이 안정된 상태가 되기 위해 최외각에 전자 8개를 채우고 싶어한다. 이를 옥텟 규칙(octet rule)이라고 하며, 화학에서 매우 중요한 개념이다.

실리콘은 혼자만으로는 이 8개의 전자를 채울 수 없다. 그래서 실리콘 원자는 이웃한 다른 실리콘 원자들과 전자 하나씩을 서로 주고받으며 공유한다. 이렇게 전자를 함께 나누며 결합하는 방식을 공유결합이라고 한다. 공유결합은 매우 강한 힘으로 원자들을 서로 붙잡아 주고, 전체 구조를 안정되게 만들어 준다. 실리콘 원자 하나는 주위에 있는 네 개의 다른 실리콘 원자와 각각 전자 하나를 공유하며, 결국 마치 자신의 최외각에 전자가 8개 있는 것처럼 안정된 상태가 된다. 이러한 결합이 반복되면서, 실리콘 원자들은 레고 블록처럼 정렬되어 단단한 고체 형태의 결정 구조를 형성하게 된다.

이처럼 반도체 물질은 수많은 원자들이 서로 전자를 공유하며 정교하고 질서 있는 구조를 이루고 있기 때문에, 외부에서 가해지는 전기적 신호에 민감하게 반응할 수 있다. 그리고 이러한 성질 덕분에 우리가 원하는 방식으로 전기의 흐름을 조절할 수 있게 된다. 바로 이런 점이 반도체의 핵심적인 특징이며, 다양한 전자기기에서 핵심 부품으로 사용되는 이유이기도 하다.

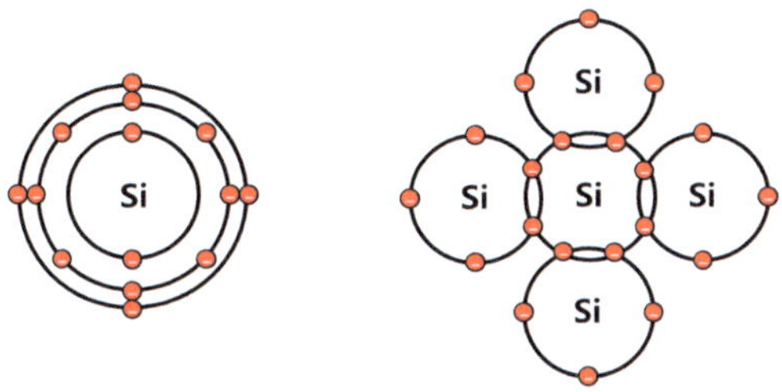

실리콘(Si) 원자 공유결합한 실리콘(Si)

도핑을 통한 반도체의 성질 변화: p형 반도체 vs. n형 반도체

앞서 말한 것처럼, 반도체는 전기의 흐름을 조절할 수 있는 매우 특별한 물질이다. 그런데 실제로는 어떻게 전류의 흐름을 조절할 수 있을까?

바로 여기에서 '도핑(doping)'이라는 중요한 개념이 등장한다. 도핑이란 반도체 물질에 아주 극소량의 불순물을 넣어서 그 성질을 바꾸는 과정을 말한다. 이때 사용하는 불순물의 양은 매우 적지만, 반도체의 전기적 특성을 크게 변화시킬 수 있기 때문에 매우 중요한 공정이다.

예를 들어, 기본적으로 실리콘은 최외각 전자가 4개인 4족 원소이다. 여기에 전자가 하나 더 많은 5족 원소(최외각 전자 5개)를 아주 조금 섞어 넣으면 어떤 일이 일어날까? 실리콘과 결합하는 데 필요한 4개의 전자를 제공하고도 전자 하나가 남게 된다. 이 남는 전자는 자유롭게 이동할 수 있기 때문에, 전기가 더 잘 흐를 수 있게 된다. 이렇게 여분의 전자를 제공(기증)하는 불순물을 도너(donor, 기증자)라고 부르며, 이런 방식으로 만들어진 반도체를 n형 반도체라고 한다. 여기서 'n'은 negative(음전하)에서 유래된 말로, 자유 전자가 많다는 뜻이다. 대표적인 도너 물질로는 인(P), 비소(As) 등이 있다.

반대로, 실리콘에 전자 하나가 부족한 3족 원소(최외각 전자 3개)를 섞으면 어떻게 될까? 실리콘과 공유결합을 하려면 전자가 4개 필요하지만, 3개밖에 없기 때문에 전자 하나가 비어 있는 자리, 즉 정공(hole)이 생긴다. 이 정공은 전자 하나가 빠진 자리이지만, 결과적으로는 양(+)의 전하를 띠는 입자처럼 행동하며 전류 흐름에 영향을 준다. 이렇게 정공을 만들어내는 불순물을 억셉터(acceptor, 수용체)라고 하며, 이런 불순물을 넣어서 만든 반도체를 p형 반도체라고 한다. 여기서 'p'는 positive(양전하)에서 유래한 것이다. 대표적인 억셉터 물질로는 붕소(B)가 있다.

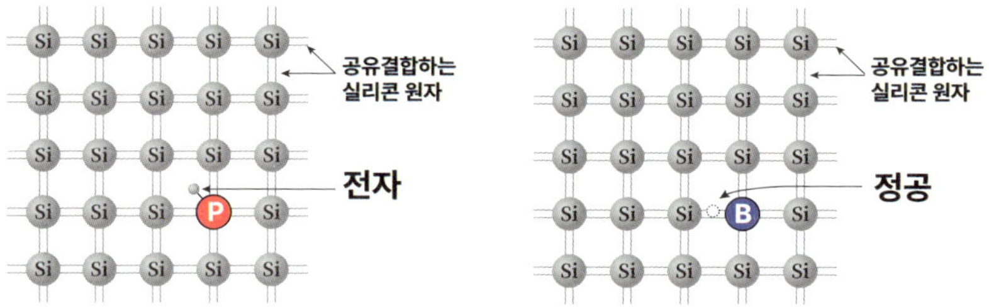

도너 도핑에 의한 여분의 전자 생성(왼쪽)과 억셉터 도핑에 의한 여분의 정공 생성(오른쪽)

이처럼 도핑을 통해 우리는 반도체의 성질을 자유롭게 바꿀 수 있고, 그 결과로 n형 반도체와 p형 반도체를 만들어 낼 수 있다. 이 두 종류의 반도체를 특정 방식으로 연결하면(p형 반도체와 n형 반도체를 접합), 한쪽 방향으로만 전류가 흐르게 하는 다이오드(diode)를 만들 수 있다. 다이오드는 전류가 역방향으로 흐르는 것을 막아 주는 역할을 하기 때문에, 전자기기 안에서 전기 흐름을 제어하는 데 매우 중요한 부품으로 사용된다. 또한 n형과 p형 반도체를 더 복잡하게 조합하면, 신호를 증폭하거나 전기 스위치처럼 작동하는 트랜지스터(transistor)를 만들 수 있다.

트랜지스터(BJT or MOSFET)는 컴퓨터, 스마트폰, TV 등 거의 모든 전자기기의 핵심 부품으로 사용되며, 현대 전자기술의 발전을 가능하게 만든 가장 중요한 발명 중 하나로 평가받는다. 이처럼 도핑은 반도체의 성질을 변화시켜 다양한 전자 부품을 만드는 데 있어 기본이 되는 매우 중요한 과정이다.

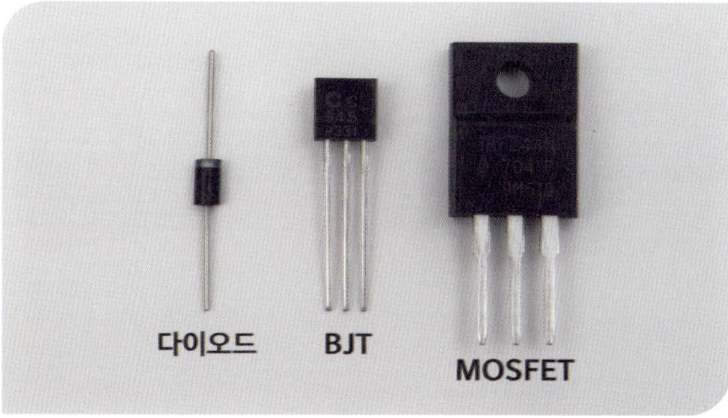

1.2. 반도체의 종류: 메모리 반도체 vs. 시스템 반도체

반도체는 크게 두 가지 종류로 나눌 수 있다. 바로 메모리 반도체와 시스템 반도체이다. 먼저, 메모리 반도체는 말 그대로 정보를 저장하는 역할을 하는 반도체이다. 우리가 사용하는 컴퓨터나 스마트폰에 들어 있는 RAM, USB 메모리, SSD 등이 모두 메모리 반도체에 해당한다. 예를 들어, RAM은 사용 중인 데이터를 일시적으로 저장하고, SSD는 사진이나 문서 같은 데이터를 오랫동안 저장하는 데 사용된다.

이에 반해, 시스템 반도체는 정보를 계산하고, 제어하고, 처리하는 역할을 담당한다. 쉽게 말하면, 시스템 반도체는 전자기기의 '두뇌' 역할을 한다고 볼 수 있다. 시스템 반도체는 메모리 반도체를 제외한 모든 반도체를 포함하는 개념이다.

우리나라에서는 삼성전자와 SK하이닉스가 메모리 반도체 분야에서 세계적으로 높은 경쟁력을 갖고 있기 때문에, 시스템 반도체를 흔히 '비메모리 반도체'라고 부르기도 한다. 하지만, 이 표현은 정확한 의미에서 보면 조금 아쉬운 점이 있다. 왜냐하면, 세계 시장 전체를 보면 메모리 반도체보다 시스템 반도체의 시장 규모가 더 크기 때문이다. 따라서 시스템 반도체를 단순히 '메모리가 아닌 반도체'라고 부르기보다는, 정보 처리용 반도체 또는 고기능 반도체라고 이해하는 것이 더 바람직하다.

RAM(왼쪽), USB(가운데), SSD(오른쪽)

대표적인 시스템 반도체에는 어떤 것들이 있을까? 다음은 일상에서 많이 사용되는 대표적인 시스템 반도체의 예이다.

- CPU (Central Processing Unit, 중앙처리장치): 컴퓨터의 두뇌 역할을 하며, 모든 명령을 처리하는 기능을 담당한다.
- Mobile AP (Application Processor, 애플리케이션 프로세서): 스마트폰, 태블릿 등 모바일 기기의 중심이 되는 칩으로, CPU와 GPU 기능이 함께 내장되어 있다.
- GPU (Graphics Processing Unit, 그래픽처리장치): 게임이나 영상 편집처럼 그래픽 작업을 빠르게 처리하는데 특화된 장치이다.

이러한 시스템 반도체들이 없다면, 우리가 사용하는 스마트폰, 노트북, 게임기 등은 제대로 작동할 수 없다.

CPU(왼쪽), Mobile AP(가운데), GPU(오른쪽)

메모리 반도체 vs. 시스템 반도체는 생산 방식도 다를까?

그렇다. 메모리 반도체와 시스템 반도체는 생산 방식에서도 큰 차이가 있다. 메모리 반도체는 하나의 동작만을 수행하기 때문에, 정해진 규격에 따라 동일한 제품을 대량으로 생산하는 방식이 효율적이다. 이러한 생산 방식을 옷에 비유하자면 기성복과 같다. 일정한 치수로 미리 제작해 놓은 옷을 고객이 자신의 체형에 맞는 사이즈를 골라 입는 것처럼, 메모리 반도체도 이미 정해진 형식대로 대량 생산된다. 그래서 메모리 반도체 분야에서는 정밀한 제조 기술이 특히 중요하다.

반면에, 시스템 반도체는 메모리 반도체와는 달리, 고객의 요구에 따라 기능이나 사양이 달라지기 때문에, 그에 맞춰 설계를 변경해야 한다. 예를 들어, 어떤 기업은 연산 속도가 빠른 CPU를 원할 수 있고, 또 다른 기업은 전력 소모가 적은 GPU를 원할 수도 있다. 이처럼 고객마다 요구 조건이 다양하기 때문에, 시스템 반도체는 맞춤형 설계가 핵심이다. 이를 옷에 비유하자면 맞춤옷에 해당한다. 사람마다 체형이 다르듯이, 시스템 반도체도 고객마다 필요한 기능이 다르기 때문이다. 따라서 시스템 반도체는 설계 기술이 매우 중요하며, 종류도 다양하고 구조도 복잡하기 때문에 기술 난이도 또한 메모리 반도체보다 높다고 할 수 있다.

이처럼 메모리 반도체와 시스템 반도체는 기능도 다르고, 만드는 방식도 다르며, 기술적으로 요구되는 요소 또한 서로 다르다. 따라서, 반도체 산업을 더 깊이 이해하기 위해서는 이 두 반도체의 차이를 정확히 아는 것이 매우 중요하다.

1.3. 반도체 회사의 종류: 종합반도체, 파운드리, 팹리스, 후공정

반도체 회사에도 다양한 종류가 있다. 뉴스나 기사에서 자주 보이는 '종합반도체(IDM)', '파운드리(Foundry)', '팹리스(Fabless)', '후공정(OSAT)' 같은 용어들은 반도체 기업이 어떤 역할을 담당하는지에 따라 구분되는 기업 형태를 설명하는 말이다.

반도체는 기본적으로 설계 → 생산 → 조립(패키징) → 검사의 일련의 과정을 거쳐 최종 제품이 만들어진다. 그런데 모든 기업이 일련의 전 과정을 모두 수행하는 것은 아니다. 어떤 기업은 설계만 담당하고, 어떤 기업은 생산만, 또 어떤 기업은 후공정(패키징과 검사)만 전문으로 하기도 한다. 이처럼 역할의 차이에 따라 반도체 기업은 다음과 같이 나눌 수 있다.

Ⅰ. 종합반도체(IDM) 기업

종합반도체 기업은 반도체의 설계, 생산, 조립, 검사까지 모든 과정을 한 회사에서 직접 수행하는 기업을 말한다. 영어로는 IDM(Integrated Device Manufacturer)이라고 부른다. 이런 기업은 반도체 생산을 위한 공장, 즉 '팹(fab)'이라는 시설을 직접 보유하고 있으며, 자체적으로 설계한 칩을 스스로 제조할 수 있는 능력을 갖추고 있다.

대표적인 종합반도체 기업으로는 다음과 같은 회사들이 있다:

- 삼성전자 (대한민국)
- SK하이닉스 (대한민국)
- Intel (미국)
- Micron(미국)
- Texas Instruments (미국)

이들은 고성능 메모리와 시스템 반도체를 직접 설계하고, 자체 생산라인을 통해 완제품까지 만들어 낸다. 그만큼 투자 비용이 크고, 요구되는 기술력도 매우 높다.

Ⅱ. 파운드리(Foundry) 기업

파운드리 기업은 반도체 설계는 하지 않고, 제조만 전문적으로 수행하는 회사를 말한다. 다시 말해, 팹(fab, 생산 설비)을 갖추고, 다른 회사에서 설계한 반도체를 위탁받아 생산하는 역할을 한다. 설계 역량 없이도 첨단 장비와 정교한 공정 기술을 바탕으로 고품질의 반도체를 안정적으로 생산해야 하기 때문에, 정밀한 제조 기술이 매우 중요하다.

대표적인 글로벌 파운드리 기업에는 다음과 같은 회사들이 있다:

- TSMC (대만): 세계 최대의 파운드리 기업
- 삼성전자 (대한민국)
- UMC (대만)
- GlobalFoundries (미국)
- SMIC (중국)

우리나라의 삼성전자도 파운드리 사업을 강화하면서, 글로벌 시장 점유율 2위를 차지하고 있다. 또한, 국내 중견 파운드리 기업으로는 DB하이텍, 키파운드리 등이 있다.

Ⅲ. 팹리스(Fabless) 기업

팹리스는 말 그대로 '팹이 없는 회사', 즉 생산 설비를 보유하지 않고 반도체 설계만 전문적으로 수행하는 기업을 말한다. 반도체 팹을 건설하려면 수조 원에 달하는 막대한 자금이 필요하고, 유지 비용도 매우 많이 들기 때문에, 많은 기업들은 직접 공장을 운영하는 대신 설계에 집중하고, 제조는 파운드리 업체에 외주를 맡기는 방식을 선택한다. 팹리스 기업은 생산 시설에 대한 부담 없이 빠르게 제품을 개발할 수 있고, 변화하는 시장의 요구에 유연하게 대응할 수 있다는 장점이 있다.

대표적인 글로벌 팹리스 기업은 다음과 같다:

- Qualcomm (미국)
- NVIDIA (미국)
- Broadcom (미국)
- AMD (미국)

애플(Apple) 역시 직접 제조하지 않고 칩 설계에만 집중하므로 넓은 의미에서 팹리스 기업으로 분류될 수 있다.

국내의 주요 팹리스 기업으로는 다음과 같은 회사들이 있다:

- LX세미콘
- 매그나칩
- 어보브반도체

Ⅳ. 후공정(OSAT) 기업

반도체 칩은 생산만으로 끝나는 것이 아니다. 생산된 칩을 외부 환경으로부터 보호하고, 외부 회로와 연결할 수 있도록 포장하는 과정이 필요한데, 이를 '패키징(packaging)'이라고 한다. 또한, 제품이 정상적으로 작동하는지 확인하는 검사(테스트) 과정도 반드시 거쳐야 한다. 이처럼 조립(패키징)과 검사 과정을 전문적으로 수행하는 회사를 '후공정 기업'이라고 하며, 영어로는 OSAT(Outsourced Semiconductor Assembly and Test)라고 부른다. 최근에는 반도체의 성능을 더욱 높이기 위해, 여러 개의 칩을 하나로 연결하는 기술이 주목받고 있다. 예를 들어, 3D 패키징이나 칩렛(chiplet) 구조와 같은 기술들이 발전하면서, 패키징 기술의 중요성도 크게 증가하고 있다.

대표적인 후공정 전문 기업은 다음과 같다:

- ASE (대만)
- JCET (중국)

국내의 주요 후공정 기업으로는 다음과 같은 회사들이 있다:

- SFA반도체
- 하나마이크론
- 네패스
- 앰코테크놀로지코리아
- LB세미콘

이처럼 반도체 산업은 설계, 생산, 조립, 검사 등 각 단계마다 전문화된 기업들이 유기적으로 협력하면서 운영되는 거대한 산업 생태계이다. 하나의 반도체 칩이 완성되기까지는 수많은 기술과 공정이 필요한데, 각 단계를 맡는 기업들은 저마다의 전문성과 경쟁력을 바탕으로 정밀하게 역할을 수행한다. 설계를 담당하는 팹리스 기업, 제조를 담당하는 파운드리, 조립과 검사를 맡는 후공정 기업, 그리고 이 모든 과정을 자체적으로 수행하는 종합반도체 기업까지, 이들 기업은 마치 톱니바퀴처럼 맞물려 돌아가며 하나의 반도체 제품이 완성되도록 협력한다. 어느 한 부분이라도 문제가 생기면 전체 생산에 차질이 생길 수 있기 때문에, 각 기업의 역할은 서로 다르지만, 모두가 똑같이 중요하다고 할 수 있다.

따라서 우리가 반도체 관련 뉴스를 접할 때, 단순히 '삼성전자', 'TSMC', 'NVIDIA' 같은 기업 이름만 보지 않고, 그 기업이 반도체 산업의 어떤 단계에 속해 있는지, 그리고 어떤 기능을 수행하는지를 이해하며 본다면, 뉴스의 맥락과 산업의 흐름을 훨씬 더 깊이 있고 정확하게 파악할 수 있을 것이다. 이처럼 반도체 산업은 하나의 회사만으로는 완성될 수 없는 복합적이고 협업적인 구조를 가지고 있으며, 산업 전반을 이해하려면 각 기업의 역할과 위치를 함께 바라보는 관점이 반드시 필요하다.

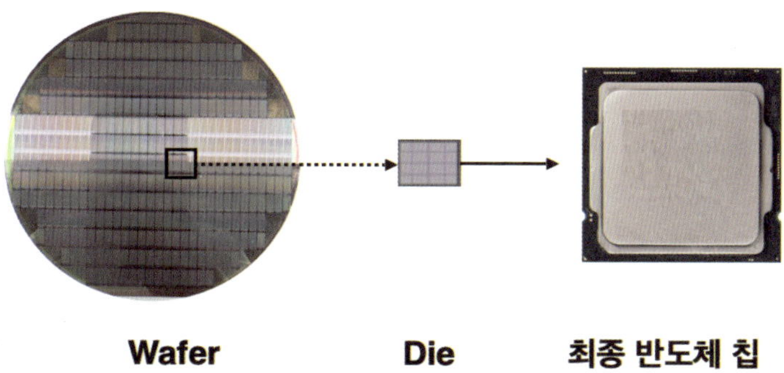

제작이 완료된 반도체 칩(die)과 패키징 후의 반도체

* 팹(Fab.): 'Fab'은 Fabrication의 약자로, 반도체를 실제로 생산하는 설비나 공장을 의미한다. 반도체는 먼지 한 톨에도 큰 영향을 받을 수 있는 민감한 물질이기 때문에, 팹은 반드시 '클린룸(cleanroom)'이라 불리는 매우 깨끗한 청정실 환경에서 운영된다. 이러한 클린룸에서는 고가의 첨단 장비를 이용해 반도체 칩이 정밀하게 제작된다. 팹을 새로 건설하거나 운영하려면 수조 원대의 막대한 자금이 필요하기 때문에, 일반적인 중소기업이 감당하기는 어렵다. 따라서 대규모 자본과 높은 기술력을 갖춘 대기업만이 자체적으로 팹을 운영할 수 있다.

* 패키징: 반도체 칩의 제작이 완료되면, 이를 외부 충격이나 오염으로부터 보호하고, 다른 전자 부품들과 연결할 수 있도록 포장하고 연결하는 작업이 필요하다. 이 과정을 패키징(packaging)이라고 한다. 일반적으로 플라스틱이나 세라믹 재질로 반도체 칩을 감싸 보호하며, 칩 내부와 외부 회로를 연결하기 위해 '리드(lead)'라고 불리는 전선이나 접점을 연결하게 된다. 패키징은 단순히 포장하는 데 그치지 않고, 반도체의 성능과 안정성에 직접적인 영향을 미치는 매우 중요한 과정이다. 특히 고성능 반도체일수록 효율적인 열 방출, 신호 전달, 기계적 보호 등을 위해 고도의 패키징 기술이 요구된다.

2

반도체의 역사: 과거를 알아야 미래가 보인다

2.

반도체의 역사: 과거를 알아야 미래가 보인다

2.1. 세계 반도체의 역사

“역사를 알면 미래가 보인다”는 말을 한 번쯤 들어본 적이 있을 것이다.

이 말이 반도체에 완벽하게 들어맞는다고 단정할 수는 없지만, 반도체가 어떻게 발전해 왔는지를 되짚어보는 일은 분명히 의미 있는 일이다. 왜냐하면 지금 우리가 사용하는 최첨단 기술들 역시 과거의 발견과 연구 위에 쌓여 있는 결과이기 때문이다. 모든 과학기술이 그렇듯, 기술의 시작은 제품이 만들어지기 훨씬 이전, 즉 이론이나 원리의 발견에서부터 출발한다. 반도체 역시 마찬가지다. 1900년 이전에 이미 여러 과학자들에 의해 반도체 물질의 기본적인 전기적 성질들이 발견됐지만, 당시에는 그 연구들이 실생활과는 거리가 먼 학문적인 관심 수준에 머물러 있었다. 대중에게 널리 알려진 분야도 아니었고, 산업적으로 활용할 수 있는 기반도 아직 부족했다.

반도체 기술의 시작: 진공관과 다이오드

반도체가 실제 제품에 처음 적용되기 시작한 것은 1904년, 영국의 과학자 존 앰브로스 플레밍(John Ambrose Fleming)이 개발한 진공관 다이오드부터이다. 그는 ‘플레밍의 왼손 법칙, 오른손 법칙’으로도 잘 알려져 있는 인물이다. 당시의 라디오나 텔레비전 같은 초기 전자기기에는 이 진공관 다이오드가 핵심 부품으로 사용되었다.

한편, 같은 시기에 고체 다이오드(반도체 다이오드)도 일부 연구되었지만, 성능이 불안정하고 신뢰성이 낮아 널리 사용되지는 못했다. 그 결과, 1950년대 중반까지는 진공관 다이오드가 전자기기의 주요 부품으로 사용되었다. 이 시기에 만들어진 다이오드는 주로 정류 작용, 즉 교류(AC)를 직류(DC)로 바꾸는 간단한 역할을 하거나, 빛을 감지하는 광센서 같은 용도로 사용되었다. 당시만 해도 그 기능은 매우 단순했지만, 현대 반도체 기술로 이어지는 중요한 첫걸음이었다.

2차 세계대전과 반도체 기술의 급속한 발전

반도체 기술이 비약적으로 발전하게 된 계기는 바로 제2차 세계대전이었다. 전쟁이 본격화되면서, 적군의 위치를 신속하게 탐지하기 위한 레이더 기술이 급격히 발전하게 된다. 그런데 레이더에서 반사된 신호를 시각적으로 표시하려면, 신호를 정류하는 장치가 필요했는데, 바로 이 정류기에 고체 다이오드(반도체 다이오드)가 사용되기 시작한 것이다.

이처럼 전쟁은 비극이지만, 기술 발전의 아이러니한 촉매가 되기도 한다. 실전에서의 필요성이 기존의 기술을 밀어붙이고, 새로운 응용 분야를 열어주는 계기가 되기 때문이다. 이 시기를 기점으로 반도체는 단순히 이론적이고 실험적인 연구 대상이 아니라, 실제 전자기기에서 중요한 부품으로 활용되기 시작하는 전환점을 맞이하게 된다. 이후의 반도체 발전은 단순한 과학적 진보를 넘어, 산업과 군사, 그리고 일상생활까지 깊이 연결되는 핵심 기술로 자리잡게 된다.

전자기기의 한계, 진공관을 넘어서려는 도전

제2차 세계대전 이후, 학계와 산업계의 가장 큰 관심사는 진공관을 대체할 수 있는 새로운 전자 부품을 개발하는 것이었다. 당시 대부분의 전자기기들은 진공관을 핵심 부품으로 사용하고 있었지만, 여러 가지 문제점이 있었다. 진공관은 크기가 크고, 열을 많이 발생시키며, 전기를 많이 소모하고, 고장이 잦을 뿐 아니라, 가격도 매우 비쌌다. 이러한 단점들로 인해, 기술의 발전을 위해서는 새로운 대안이 반드시 필요한 상황이었다.

이런 배경 속에서 1946년, 미국에서 개발된 세계 최초의 전자식 컴퓨터, 에니악(ENIAC, Electronic Numerical Integrator and Calculator)이 등장한다. 에니악에는 무려 18,800개 이상의 진공관이 사용되었고, 전체 무게는 약 30톤, 길이 25미터, 높이 2.5미터에 달하는 거대한 기계였다.

세계최초의 컴퓨터 에니악과 현대의 반도체기술로 구현한 에니악의 비교

	최초의 에니악	현대의 반도체기술로 구현한 에니악
연도	1946년	1995년
구성	진공관 18,800개	트랜지스터 174,569개
크기	가로25미터 × 세로2.5미터 × 두께1미터	가로7.44mm × 세로5.29mm × 두께1mm이하
무게	30톤	몇 그램

에니악을 작동시키는 데 필요한 전력은 약 150킬로와트(KW)로, 당시 펜실베이니아 시내의 가로등이 깜빡이고 신호등이 꺼졌다는 일화도 전해진다. 이러한 사례는 진공관 기술의 한계를 극명하게 보여주는 예라고 할 수 있다.

컴퓨터를 더 작고 빠르게 만들기 위해서는, 이와는 완전히 다른 원리와 구조를 가진 새로운 전자 부품이 필요했다. 이러한 필요성이 결국 트랜지스터의 발명으로 이어지게 되며, 이 내용은 이후 장에서 자세히 다룰 예정이다.

참고로, 에니악은 오랫동안 '세계 최초의 컴퓨터'로 알려져 있었지만,

1973년 미국 법원의 판결에 따라, 에니악보다 먼저 개발된 'ABC(Atanasoff-Berry Computer)'가 공식적으로 최초의 전자식 컴퓨터 타이틀을 인정받게 되었다. 이처럼 기술의 역사는 단순한 기록에 그치지 않고, 계속해서 재해석되고, 평가되며, 새로운 사실들이 밝혀지는 과정이기도 하다.

트랜지스터의 탄생, 전자기기의 혁명을 열다

제2차 세계대전 이후, 미국의 벨 연구소(Bell Labs)는 세계 최초로 통화 서비스를 상용화하기 시작했다. 당시에는 여성 교환원이 수동으로 전화를 연결해 주는 방식이었지만, 시간이 흐르면서 통화량이 폭발적으로 증가하고, 인건비 부담도 커지자, 벨 연구소는 이를 대체하기 위해 자동식 전화 교환기를 도입하게 된다.

하지만 자동식 교환기의 핵심 부품이었던 진공관은 여러 가지 문제점을 안고 있었다. 자주 고장이 나고, 크기가 크며, 열도 많이 발생하는 특성 때문에, 신뢰성과 유지비용 측면에서 큰 한계가 있었던 것이다. 이러한 기술적 문제를 해결하기 위해, 벨 연구소는 진공관을 대체할 새로운 전자 소자 개발에 본격적으로 착수하게 된다.

그리고 마침내, 1947년, 벨 연구소 소속의 세 명의 과학자, 존 바딘(John Bardeen), 월터 브래튼(Walter Brattain), 윌리엄 쇼클리(William Shockley)가 협력하여, 세계 최초의 트랜지스터(transistor)를 개발하는 데 성공한다. 이 발명은 전자기기 역사에서 매우 혁명적인 사건이었다.

트랜지스터는 전기의 흐름을 증폭하거나 차단하는 역할을 하며, 기존의 진공관보다 훨씬 작고, 열도 거의 발생시키지 않으며, 전력 소비도 적고, 무엇보다 내구성이 뛰어나 고장이 잘 나지 않아 대량 생산에도 적합했다. 트랜지스터의 등장은 전자기기의 소형화, 고속화, 신뢰성 향상에 결정적인 전기를 마련했고, 현대 컴퓨터, 스마트폰, 디지털 전자제품의 탄생을 가능하게 한 출발점이 되었다.

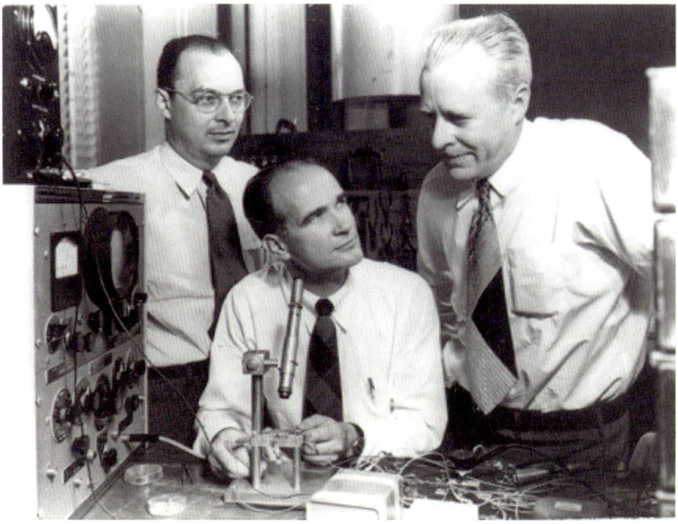

왼쪽으로부터 존 바딘, 윌리엄 쇼클리, 월터 브래튼

트랜지스터의 개발은 전자 부품의 소형화, 저전력화, 저비용화를 가능하게 만들었다. 지금 우리가 사용하는 스마트폰, 노트북, 각종 가전제품들이 작고 가볍고 효율적인 이유는 바로 이 트랜지스터 기술의 발전 덕분이다. 이러한 획기적인 공로를 인정받아, 트랜지스터를 발명한 세 사람은 1956년 노벨 물리학상을 공동 수상하게 된다. 그만큼 트랜지스터의 등장은 단순한 과학적 발견이 아니라, 현대 전자산업의 패러다임을 완전히 바꾼 역사적 사건으로 평가된다. 트랜지스터의 발명은 전 세계 정보통신과 디지털 산업의 출발점이 되었으며, 전자기기의 대중화 시대를 여는 결정적인 계기가 되었다. 오늘날 우리가 당연하게 여기는 디지털 사회의 기반은, 바로 이 작은 전자 부품 하나에서부터 시작된 셈이다.

진공관(왼쪽) vs. 트랜지스터(오른쪽) 크기 비교

또 하나의 혁신, 집적회로(IC)의 발명

반도체 기술의 또 다른 혁신적인 진전은 바로 집적회로(Integrated Circuit, IC) 기술의 등장이었다. 집적회로란, 수많은 전자회로 부품을 하나의 칩 위에 집어넣어 통합하는 기술을 말한다. 지금은 너무나 당연하게 느껴지는 개념이지만, 당시로서는 획기적인 발상이었다. 최초의 집적회로는 1959년, 미국 텍사스 인스트루먼트(Texas Instruments) 소속의 잭 킬비(Jack Kilby)에 의해 처음 구현되었다. 불과 몇 달 뒤에는, 페어차일드 세미컨덕터(Fairchild Semiconductor)의 공동 창업자 로버트 노이스(Robert Noyce)도 집적회로 구현에 성공하게 된다.

두 사람의 방식에는 차이가 있었다. 잭 킬비는 저마늄(Ge)을 회로 기판으로 사용한 반면, 로버트 노이스는 실리콘(Si)을 사용하였다. 오늘날 대부분의 반도체가 실리콘 기반으로 제작되고 있다는 점에서 보면, 노이스의 방식이 이후 집적회로 기술의 주류가 되었다고 볼 수 있다.

물론, 당시의 집적회로는 지금처럼 수십억 개의 트랜지스터가 집적된 수준은 아니었고, 소자의 수도 적고 크기도 비교적 컸다. 하지만 하나의 칩 위에 여러 전자 부품을 통합할 수 있다는 개념 자체가 전자공학의 판도를 바꾸는 발상이었다. 잭 킬비가 제시한 이 아이디어 덕분에, 오늘날 우리가 사용하는 모든 반도체 칩은 집적회로 형태로 제작되고 있으며, 이를 통해 전력 소비는 줄이고, 크기는 작게, 성능은 더욱 높게 만드는 것이 가능해졌다. 지금은 사람 손톱보다 작은 칩 안에 수십억 개가 넘는 트랜지스터가 들어 있는 초고밀도 회로를 구현할 수 있게 되었다.

만약 이러한 집적회로 기술이 등장하지 않았다면, 지금과 같은 스마트폰, 노트북, 태블릿, 개인용 컴퓨터 같은 기기들은 존재하기 어려웠을 것이다. 잭 킬비는 이러한 공로로 2000년 노벨 물리학상을 수상하게 되었고, 로버트 노이스는 이후 인텔(Intel)을 공동 창업하며 또 다른 반도체 전설로 자리매김하게 된다.

인텔의 탄생과 무어의 법칙

로버트 노이스는 이후, 반도체 업계에서 전설처럼 알려진 고든 무어(Gordon Moore), 앤디 그로브(Andy Grove)와 함께 1968년 인텔(Intel)을 공동 창립하게 된다. 이 가운데 특히 고든 무어는 1965년, 반도체 역사에서 매우 중요한 예측 하나를 발표하게 되는데, 바로 유명한 '무어의 법칙(Moore's Law)'이다. 무어의 법칙은 다음과 같은 내용을 담고 있다.

"반도체 칩에 집적할 수 있는 트랜지스터의 수는 약 18개월에서 24개월마다 2배로 증가한다."

이 법칙은 단순한 예측을 넘어서, 반도체 산업이 성능을 높이고 가격을 낮추는 데 있어 기술적, 산업적 목표이자 지침이 되는 기준점이 되었다. 이후 수십 년 동안 무어의 법칙은 반도체 발전 속도를 설명하는 대표적인 공식으로 자리잡았으며, 지금까지도 업계 전반에 걸쳐 큰 영향력을 발휘하고 있다.

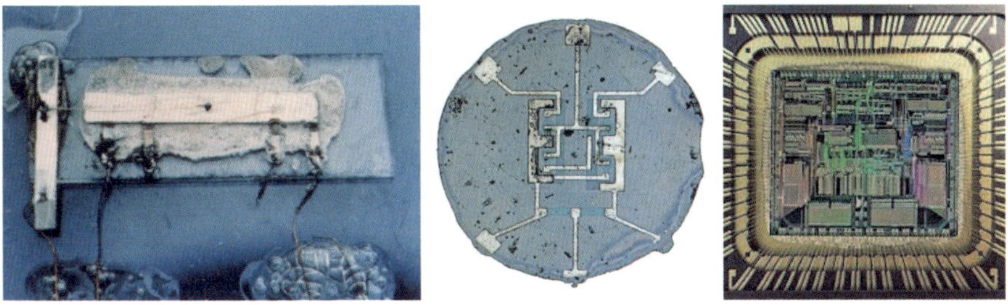

잭 킬비(맨 왼쪽)와 로버트 노이스(가운데)에의해 구현된 최초의 집적회로와
현재의 집적회로(맨 오른쪽)

MOSFET의 등장과 현대 반도체의 기반

1960년에는 반도체 집적회로 구현에 있어 필수적인 요소, 즉 MOSFET(Metal-Oxide-Semiconductor Field-Effect Transistor, 금속 산화막 반도체 전계효과 트랜지스터)이 개발된다. MOSFET의 개념은 사실 1925년, 줄리어스 에드가 릴리언펠드(Julius Edgar Lilienfeld)에 의해 이론적으로 먼저 제안되었다. 하지만 이 소자가 실제로 구현된 것은 1960년, 벨 연구소의 모하메드 아탈라(Mohamed Atalla)와 강대원 박사에 의해서 였다.

MOSFET은 오늘날 거의 모든 실리콘 기반 집적회로의 핵심 소자로 사용되고 있다. 쉽게 말해, MOSFET은 집적회로 속에서 '레고 블록'과 같은 존재라고 할 수 있다. 각각의 MOSFET이 회로의 기본 단위가 되어, 이를 조합함으로써 다양한 기능을 수행하는 전자회로를 만들 수 있기 때문이다. 이 소자가 없었다면, 현대의 컴퓨터, 스마트폰, 통신 장비 등 전자기기의 발전은 불가능했을 것이다. 기능성, 집적도, 전력 효율 등 모든 면에서 혁신적인 전환점을 제공한 소자였기 때문이다.

개인적으로는 MOSFET의 발명이 노벨상에 충분히 값하는 업적이라고 생각된다. 하지만 안타깝게도 아탈라와 강대원 박사는 노벨상을 수상하지는 못했다.

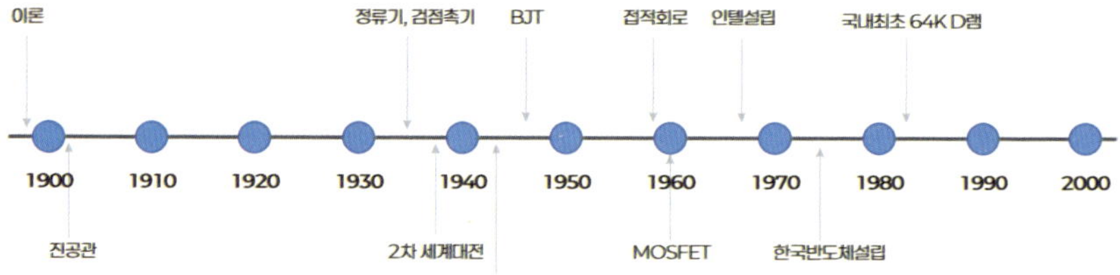

시대별 반도체 기술의 발전

반도체가 이끈 전자기기의 대중화

이후 반도체 기술은 급속도로 발전하며, 전자기기 전반에 걸쳐 큰 변화를 불러오게 된다.

- 1964년, IBM은 System/360이라는 현대적인 컴퓨터 시스템을 발표한다. 이 시스템은 범용 아키텍처 개념을 도입하여, 하드웨어와 소프트웨어의 호환성을 가능하게 만들었고, 이후 컴퓨터 산업의 표준화와 확장성의 기반이 되었다.
- 1970년, 인텔은 세계 최초의 1K DRAM을 개발하며 메모리 반도체 시대의 서막을 연다.
- 1974년, 인텔은 8비트 CPU를 출시하며, 컴퓨터의 소형화와 개인화 시대를 열게 된다.
- 1976년, 스티브 잡스(Steve Jobs), 스티브 워즈니악(Steve Wozniak), 로널드 웨인(Ronald Wayne)은 애플(Apple)을 설립하고, 최초의 개인용 컴퓨터인 애플 I(Apple I)을 출시한다. 이는 정보기기의 대중화를 가속화한 중요한 사건이었다.

이처럼 반도체 기술은 정보기기의 발전을 이끄는 핵심 동력이 되었고, 이후에는 메모리 반도체 분야에서 대한민국이 주도권을 잡는 중요한 기술적 성과들이 이어진다.

- 1983년, 일본의 히타치(Hitachi)는 세계 최초로 1메가 DRAM을 개발한다.
- 삼성전자는 1992년 64메가 DRAM, 1994년에는 256메가 DRAM, 1996년에는 1기가 DRAM을 세계 최초로 개발하는 데 성공한다.

이러한 성과들은 대한민국이 메모리 반도체 분야에서 글로벌 강국으로 자리매김하는 데 결정적인 역할을 하였고, 이는 지금까지도 국가 산업의 핵심 기반으로 이어지고 있다. 이러한 모든 흐름은 한 가지 중요한 사실을 잘 보여준다. 반도체 기술의 발전은 단순한 기술 진보를 넘어, 우리의 삶의 방식 자체를 바꾸는 변화를 이끌어왔다는 점이다. 지금 이 순간에도 반도체는 인공지능(AI), 자율주행차, 양자컴퓨터와 같은 차세대 기술 혁신의 중심에 서 있으며, 앞으로도 그 중요성과 영향력은 더욱 커질 것으로 전망된다.

2.2. 한국 반도체의 역사

1960년대 한국 반도체 산업의 시작과 성장

오늘날 한국은 전 세계에서 손꼽히는 반도체 강국으로 인정받고 있다. 하지만 이처럼 눈부신 성장은 단기간에 이루어진 결과가 아니며, 수십 년에 걸친 노력과 도전의 역사 속에서 조금씩 축적된 성과이다.

한국 반도체 산업의 시작은 사실 국내 기업의 주도적인 투자보다는, 외국 기업, 특히 미국 반도체 회사들의 국내 진출에서 비롯되었다. 1960년대, 미국의 반도체 회사들은 높은 인건비와 생산비를 절감하기 위해, 조립 및 패키징 같은 후공정 작업을 해외의 저임금 국가로 이전하기 시작했다. 이러한 흐름 속에서 한국은 저렴한 인건비와 성실한 노동력으로 잠재력을 인정받게 되었고, 1965년, 미국의 코미(Komy)사가 한국에 고미전자산업을 설립하면서 한국 반도체 산업의 첫걸음이 시작된다.

이 설립에는 흥미로운 배경이 있다. 당시 미국 코미사에서 근무하던 한국인 이석우 씨가 본사를 설득해 "한국은 인건비가 낮아 반도체 조립에 매우 유리하다"는 점을 강조했고, 그 결과 한국 진출이 성사되었다고 전해진다.

초기의 반도체 조립은 지금과 비교할 수 없을 정도로 열악한 환경에서 이루어졌다. 서울 마포 인근의 군용 천막 바닥에 비닐을 깔고, 수십 명의 여성 근로자들이 손으로 트랜지스터를 조립하며 반도체 산업이 조심스럽게 출발했던 것이다. 이처럼 소규모이자 수작업 중심이었던 한국의 반도체 산업은 예상보다 빠르게 성장하기 시작한다. 설립 이듬해인 1966년, 고미전자산업은 미국으로 170만 개의 트랜지스터를 수출하는 계약을 체결하면서 국제 시장에 첫발을 내딛게 된다.

1960년대 후반 외국 기업의 진출과 정부의 지원

1966년 8월, 한국 정부는 외국인 투자를 적극적으로 유치하기 위해 획기적인 세제 혜택을 담은 '외자도입법'을 제정한다. 이 법에 따라, 외국 기업은 5년 동안 소득세, 법인세, 재산세, 취득세 등 각종 세금을 면제받을 수 있었고, 이로 인해 해외 반도체 기업들의 국내 투자도 빠르게 증가하게 된다. 이러한 법적·제도적 기반 위에서, 1966년 페어차일드(Fairchild Semiconductor)를 시작으로, 1967년에는 모토로라(Motorola), 이어서 IBM 등 미국의 대표적인 반도체 기업들이 차례로 한국에 진출하게 된다. 이들 기업은 주로 조립 및 패키징 공정을 위한 생산 기지로서 한국을 활용했지만, 이는 단순한 하청 수준을 넘어서, 국내에 반도체 관련 기술과 공정 개념이 전파되고, 산업 기반이 형성되는 중요한 계기가 되었다.

결과적으로, 1960년대 후반은 한국 반도체 산업이 국제 산업 생태계에 처음으로 발을 들이기 시작한 시기이자, 글로벌 기업과의 협력을 통해 기술과 인력을 축적해 나가는 출발점이 되었다.

국내 기업의 초기 진출: 아남산업과 한국반도체

1960년대 후반, 국내 기업들도 본격적으로 반도체 산업에 참여하기 시작한다. 그중에서도 1968년, 김향수 창업주가 설립한 아남산업은 한국 최초로 반도체 사업에 뛰어든 기업으로 평가받는다. 아남산업은 1970년, 국내 최초로 자체 반도체 제작에 성공하며, 비록 조립 중심이기는 했지만, 기술 자립의 시초라는 상징적 의미를 가진다. 다만, 이 시기의 반도체 산업은 여전히 웨이퍼 가공과 칩 제조 같은 핵심 공정은 외국 기술에 의존하고 있었고, 국내에서는 후공정 중심의 생산 구조가 주를 이루고 있었다.

그런 의미에서, 1974년 강기동 박사가 설립한 '한국반도체'는 더욱 특별한 의미를 가진다. 한국반도체는 국내 최초로 웨이퍼 가공부터 칩 생산까지 가능한 수직통합형 반도체 기업으로, 특히 시계용 반도체 칩을 자체 개발해 양산에 성공하면서 '설계-제조-후공정'이 모두 가능한 순수 국산 반도체 기업의 기반을 마련하게 된다. 하지만 당시 국내의 기술력과 자본이 아직 충분하지 않았던 상황에서, 한국반도체는 심각한 자금난에 시달리게 되었고, 결국 1978년, 삼성에 인수되면서 사명을 '삼성반도체'로 변경하게 된다.

이 인수는 단순한 기업 매각이 아니라, 삼성전자가 반도체 산업에 본격적으로 진출하는 역사적 전환점이 되었으며, 이후 전개되는 한국 반도체 산업의 고속 성장사는 곧 '삼성 반도체의 역사'라고 해도 과언이 아닐 정도로 삼성이 핵심적인 역할을 하게 된다.

LG반도체와 현대전자, 그리고 하이닉스의 탄생

삼성과 함께 한국 반도체 산업의 또 다른 한 축을 이루게 된 기업이 바로 하이닉스(SK하이닉스)이다. 이 기업의 뿌리는 1970년대까지 거슬러 올라간다. 1976년, 대한전선이 설립한 대한반도체가 시작점이었고, 이는 1979년, 금성사(현재의 LG전자)에 인수되면서 금성반도체(이후 LG반도체)로 이름이 바뀌게 된다. LG반도체는 1980~90년대에 걸쳐 국내 반도체 산업에서 중요한 역할을 하며, 삼성과 치열한 경쟁을 벌이게 된다. 특히 메모리 반도체 분야에서 국산 기술의 고도화와 시장 확대에 크게 기여한 기업이었다.

한편, 1983년, 현대그룹은 국도건설의 사명을 '현대전자'로 변경하며 본격적으로 반도체 사업에 뛰어들게 된다. 현대전자는 이후 반도체 사업을 꾸준히 확장하며, LG반도체와 함께 한국 메모리 산업의 성장을 이끄는 주체로 자리 잡게 된다. 그러던 중, 1997년 외환위기 이후, 정부는 산업 구조 조정을 위한 '빅딜 정책'을 추진하게 되고, 그 일환으로 1999년, 현대전자가 LG반도체를 인수하게 된다. 이 인수는 두 거대 반도체 기업의 통합이라는 상징성을 가지며, 2001년, 통합된 기업은 사명을 '하이닉스(Hynix)'로 변경하고 재도약에 나선다.

하지만 하이닉스는 이후에도 지속적인 재정난에 시달리게 되고, 결국 2012

년, SK그룹에 인수되면서 'SK하이닉스'라는 이름으로 새롭게 거듭나게 된다. 오늘날 SK하이닉스는 삼성전자와 함께 한국 반도체 산업의 양대 산맥으로 자리잡고 있으며, 글로벌 메모리 시장에서도 상위권의 점유율을 확보한 대표적인 기업으로 성장하였다.

세계 최고를 향한 삼성과 SK하이닉스의 도전

한국 반도체 산업의 본격적인 도약은 1983년 2월 삼성의 창업주인 이병철 회장이 일본 도쿄에서 반도체 사업 공식 진출을 선언한 '도쿄선언'을 통해 본격적으로 시작된다. 당시 삼성전자는 선진국 중심의 반도체 산업에 도전장을 내민 셈이었고, 진출 선언 후 불과 8개월 만에 64K DRAM 개발에 성공하며 미국, 일본에 이어 세계에서 세 번째로 해당 기술을 확보한 나라가 된다. 이후 삼성전자는 끊임없는 연구개발과 과감한 설비 투자를 통해 세계 메모리 반도체 시장을 선도하는 기업으로 성장하게 된다.

다음은 삼성전자가 이뤄낸 주요 기술적 성과들이다:

- 1989년: 일본과 동시에 16메가 DRAM 개발에 성공하며 기술 격차를 빠르게 좁힘
- 1992년: 세계 최초로 64메가 DRAM 개발, 동시에 글로벌 메모리 시장 점유율 1위 달성
- 1994년: 256메가 DRAM 개발
- 1996년: 1기가 DRAM 개발, 이를 통해 일본과의 기술 격차를 본격적으로 벌리며, 세계 메모리 반도체 1위 자리를 굳히는 데 성공

이러한 성과들은 단순한 제품 개발을 넘어, 삼성이 기술 패권의 중심으로 부상하는 결정적 계기가 되었고, 대한민국이 메모리 반도체 강국으로 자리잡는 데 중요한 기반이 되었다. 결국 삼성전자는 2002년, 미국의 인텔에 이어 세계 반도체 시장 점유율 2위에 올라서게 되고, 2017년 이후부터는 인텔과 함께 1위 자리를 놓고 경쟁하는 초일류 반도체 기업으로 성장하게 된다.

한국 반도체 산업의 현재와 미래

이처럼 한국의 반도체 산업은 미국 기업의 단순 조립 공장으로 시작했지만, 수십 년 동안 끊임없는 도전과 투자를 통해 세계 최고의 기술력과 생산 능력을 갖춘 전략 산업으로 성장해 왔다. 특히 삼성과 SK하이닉스를 중심으로 한 메모리 반도체 분야는 글로벌 시장을 선도하는 대표 분야로 자리잡았고, 최근에는 시스템 반도체, 파운드리, AI 반도체 등 새로운 영역으로의 확장도 적극적으로 이루어지고 있다. 한국 반도체 산업의 성공 사례는 단순한 산업 발전을 넘어, 기술 자립의 중요성, 지속적인 혁신, 그리고 장기적인 투자의 가치를 잘 보여주는 대표적인 예라고 할 수 있다.

앞으로도 반도체는 한국 경제의 핵심 산업이자, 미래 기술 경쟁력의 중심축으로서 그 중요성이 더욱 커질 것이다. 차세대 인공지능, 자율주행, 고성능 컴퓨팅, 양자기술 등 미래를 이끌어갈 주요 기술의 기반에는 언제나 반도체가 중심에 있을 것이다.

3

반도체는 어떻게 만들어 지나?

3.

반도체는 어떻게 만들어 지나?

이 장에서는 반도체의 설계부터 제조(공정) 과정까지를 다룬다. 다소 기술적인 내용이 포함되어 있어 어렵게 느껴질 수 있지만, 모든 내용을 처음부터 끝까지 꼭 순서대로 읽을 필요는 없다. 이해가 잘 되지 않는 부분은 잠시 건너뛰어도 괜찮고, 필요한 내용만 골라서 읽는 것도 좋은 방법이다. 혹은 자연스럽게 흥미가 가는 부분부터 읽어보는 것도 반도체를 부담 없이 이해하는 데 도움이 될 수 있다.

반도체는 어떻게 만들지?

반도체는 단순한 부품이 아니다. 수많은 정밀한 과정을 거쳐 완성되는 첨단 기술의 결정체이다. 그 제작 과정은 일반적으로 설계 → 제조(공정) → 테스트 → 패키징 및 출하의 순서로 진행된다.

각 단계는 정교하게 연결되어 있으며, 하나의 작은 칩이 만들어지기까지 수백~수천 개 이상의 세부 공정이 포함된다. 이러한 복잡한 흐름을 조금 더 쉽게 이해하기 위해, 레고 블록을 활용한 비유를 통해 설명해 보려고 한다. 누구나 한 번쯤 조립해 본 경험이 있는 레고를 떠올리면, 반도체가 어떻게 만들어지는지 더 직관적으로 이해할 수 있을 것이다.

Ⅰ. 반도체 설계: 아이디어에서 도면으로

반도체를 처음 만들기 위해서는 먼저 어떤 기능을 가진 반도체를 만들지 구상하고 설계하는 작업부터 시작한다. 이 과정은 크게 두 가지 단계로 나눌 수 있다.

A. 소자 설계

'소자'란 반도체 칩을 구성하는 가장 기본적인 단위 부품을 말한다. 레고에 비유하자면, 다양한 모양과 기능을 가진 레고 블록 하나하나를 설계하는 과정에 해당한다고 볼 수 있다. 예를 들어, 어떤 블록은 튼튼하게 설계되어 무게를 잘 견디고, 또 어떤 블록은 유연하게 휘어지도록 만들어져 다양한 구조에 활용될 수 있다. 반도체에서도 마찬가지로, 어떤 소자는 전류를 흐르게 하는 역할, 어떤 소자는 전기를 차단하는 역할, 또 어떤 소자는 정보를 저장하는 역할을 담당한다.

이처럼 다양한 기능을 수행하는 소자들이 얼마나 정밀하게, 그리고 효율적으로 설계되었는지에 따라 최종 제품의 성능과 신뢰성이 결정된다.

B. 회로 설계

이제 각각의 단위 소자가 준비되었다면, 그것들을 어떻게 연결해서 원하는 기능을 구현할지를 고민하게 된다. 이 과정을 회로 설계라고 한다.

레고에 비유하면, 다양한 블록을 조합하여 자동차나 집, 비행기 같은 구조물을 만들기 위해 조립 순서와 연결 방식을 정하는 일이라고 할 수 있다. 반도체에서도 마찬가지로, 소자들을 정교하게 연결하여 CPU, 메모리, 센서, 신호 처리기 등 다양한 기능을 구현할 수 있다. 이 회로 설계는 컴퓨터를 이용한 시뮬레이션을 수없이 반복하면서 수많은 오류를 수정해 나가는 고난도의 작업이다. 설계 하나를 완성하는 데만 수개월에서 수년이 걸리기도 한다.

Ⅱ. 반도체 제조: 클린룸에서의 정밀 제작

설계가 끝나면 이제 실제로 반도체를 만들어야 한다. 이 과정을 반도체 공정이라 하며, 말 그대로 설계도에 따라 제품을 제작하는 단계이다. 반도체는 머리카락보다 수만 배나 작은 미세한 구조로 되어 있기 때문에, 먼지가 조금만 있어도 제품이 손상될 수 있다. 그래서 반도체는 클린룸이라는 먼지 없는 특수 공간에서 제작된다. 작업자는 먼지 유입을 막기 위해 전신을 덮는 방진복을 입고 작업에 참여하게 된다.

클린룸 안에는 포토, 식각, 증착, 이온주입 등 각종 공정을 수행하는 수백억 원에서 수천억 원대의 반도체 장비들이 설치되어 있으며, 이를 통해 웨이퍼 위에 수십억 개의 소자를 정밀하게 가공하게 된다.

레고에 비유하면, 앞에서 만든 설계도를 바탕으로 직접 블록을 조립해 원하는 구조물을 만드는 과정이라 할 수 있다. 하지만 레고와는 달리, 반도체는 눈에 보이지 않을 정도로 작고 정밀하기 때문에 모든 공정이 자동화된 장비로 수행된다.

Ⅲ. 테스트 및 패키징: 완성품을 확인하고 포장하기

제작이 끝난 반도체는, 바로 출하되는 것이 아니라 테스트 과정을 먼저 거친다. 이 과정에서는 설계된 기능이 제대로 작동하는지, 결함은 없는지를 하나하나 꼼꼼하게 검사한다. 검사를 통과한 제품은 패키징 과정으로 넘어가게 된다. 패키징은 반도체 칩을 플라스틱이나 세라믹 같은 재료로 감싸 외부의 충격과 오염으로부터 보호하고, 외부 기기와 전기적으로 연결될 수 있도록 단자(lead)를 부착하는 작업이다. 이 과정을 마친 반도체는 출하되어 스마트폰, 컴퓨터, 자동차, 가전제품 등 다양한 전자기기에 사용되게 된다.

	반도체 칩	레고
소자설계	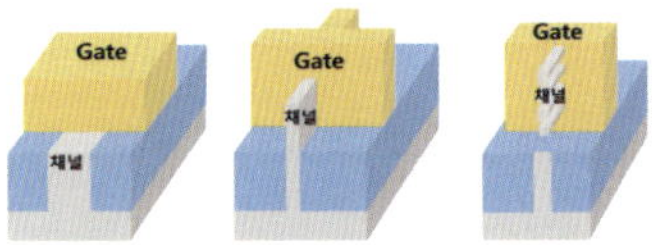	
회로설계	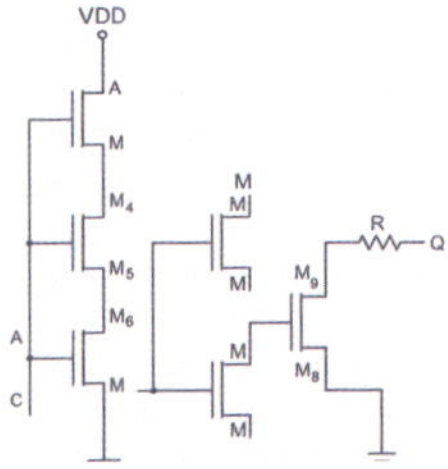	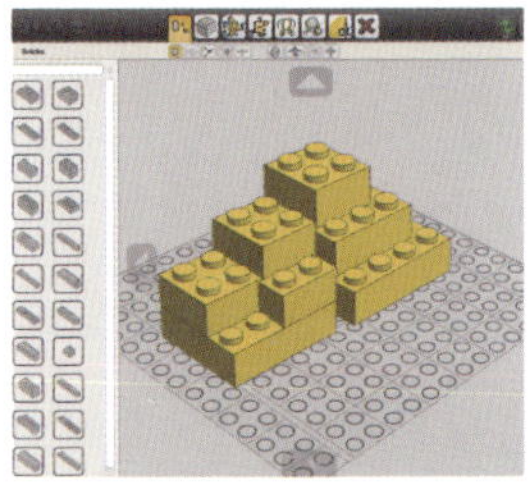
반도체제작	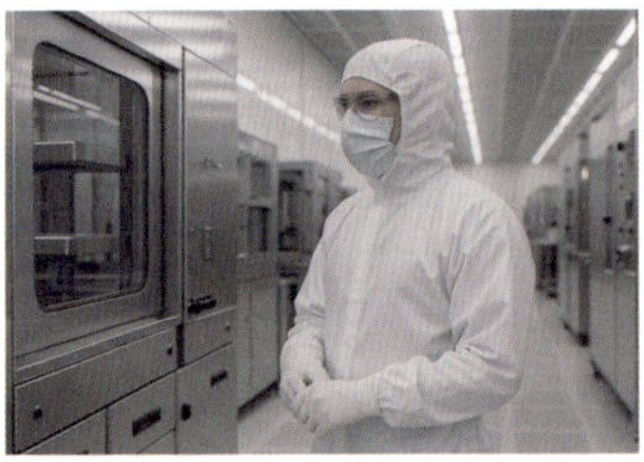	
완성된 반도체 칩	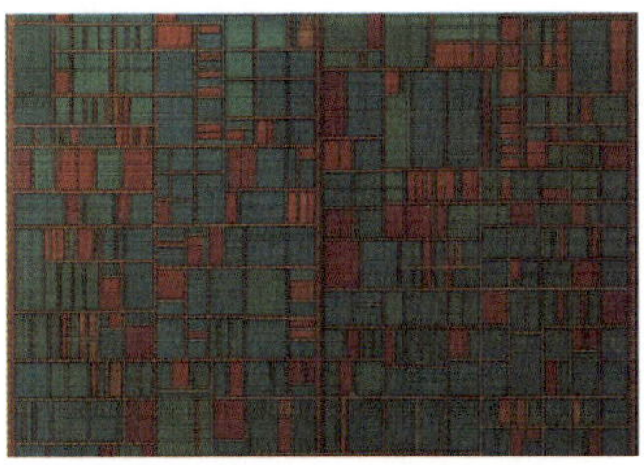	
패키징		

반도체 개발은 얼마나 어려운가?

이처럼 간단하게 설명하였지만, 실제로 반도체 하나를 완성하기까지는 수천 명의 인력, 수천억 원에서 수조 원에 이르는 투자, 그리고 수개월에서 수년에 이르는 시간이 필요한 대규모 고난이도 작업이다.

설계만 하더라도 수년이 걸릴 수 있으며, 제조에 필요한 클린룸과 반도체 장비에는 천문학적인 비용이 소요된다. 그렇기 때문에 반도체 산업은 국가 전략 산업으로 지정되어 있을 정도로 중요하며, 전 세계적으로 치열한 기술 경쟁이 벌어지고 있는 분야이기도 하다.

반도체는 비록 작고 눈에 잘 보이지는 않지만, 그 안에는 상상을 초월하는 기술력과 수많은 사람들의 노력이 담겨 있다. 이러한 과정을 이해하고 나면, 우리가 사용하는 전자기기들이 얼마나 정교한 기술을 통해 만들어진 것인지 더 깊이 실감하게 될 것이다.

지금까지 반도체가 어떤 과정을 거쳐 만들어지는지 전체적인 흐름을 살펴봤다. 이제부터는 각각의 설계 과정과 제작 과정이 실제로 어떻게 이루어지는지, 조금 더 구체적이고 기술적인 내용을 중심으로 알아보고자 한다.

조금은 낯선 용어나 복잡한 개념이 나올 수도 있지만, 앞에서 익힌 흐름을 바탕으로 하나하나 이해해 보면 반도체가 얼마나 정교하게 만들어지는지 더 잘 느낄 수 있을 것이다. 처음부터 끝까지 다 이해하려 하기보다는, 흥미가 생기는 부분부터 가볍게 읽어보는 것도 좋은 방법이다.

그럼 지금부터 반도체의 설계와 제조 과정 속으로 들어가 보자.

3.1. 반도체 소자설계: 기본 블록인 트랜지스터를 설계하는 일

앞에서 반도체 소자 설계는 레고에 비유하면, 레고의 기본 블록을 설계하는 과정이라고 설명했다. 레고로 자동차나 집을 만들기 위해 다양한 모양의 블록이 필요한 것처럼, 반도체 칩을 구성할 때도 여러 가지 단위 소자가 사용된다. 그중에서도 가장 기본이 되는 소자가 바로 트랜지스터(transistor)다.

트랜지스터의 종류: BJT와 MOSFET

트랜지스터에는 여러 종류가 있지만, 크게 두 가지로 나눌 수 있다.

- BJT (Bipolar Junction Transistor): 주로 아날로그 회로, 예를 들어 소리 증폭기나 앰프 등에 사용된다.
- MOSFET (Metal-Oxide-Semiconductor Field-Effect Transistor): 디지털 회로, 즉 우리가 사용하는 컴퓨터나 스마트폰에 들어가는 반도체 칩의 대부분은 MOSFET을 기본 소자로 사용한다. 그 이유는 MOSFET이 전기를 켜고 끄는 스위치 역할(on/off)을 잘하기 때문이다. 디지털 신호는 0과 1로 이루어져 있는데, MOSFET은 이 0과 1을 정확하게 구분해 동작할 수 있어 디지털 칩에 매우 적합하다.

요즘은 BJT는 거의 사용되지 않고, 대부분의 반도체 칩은 MOSFET을 기반으로 만들어진다.

평면형에서 3차원 구조로: FinFET과 GAA

기술이 발전하면서 MOSFET도 계속 진화해 왔다. 과거에는 평평한(2D) 구조의 평면형(planar) MOSFET을 사용했지만, 최근에는 3D 구조를 가진 FinFET이나 GAA (Gate-All-Around) FET 같은 고성능 소자가 사용된다. FinFET은 트랜지스터의 구조가 마치 물고기 지느러미(fin)처럼 생겨서 붙여진 이름이다. GAA FET은 트랜지스터의 채널을 모든 방향에서 감싸는 구조로, 전류 제어 성능이 더욱 뛰어나다. 이러한 구조들은 반도체를 더 작고 빠르게 만들 수 있도록 도와주며, 동시에 전력 소모도 줄여주는 장점이 있다.

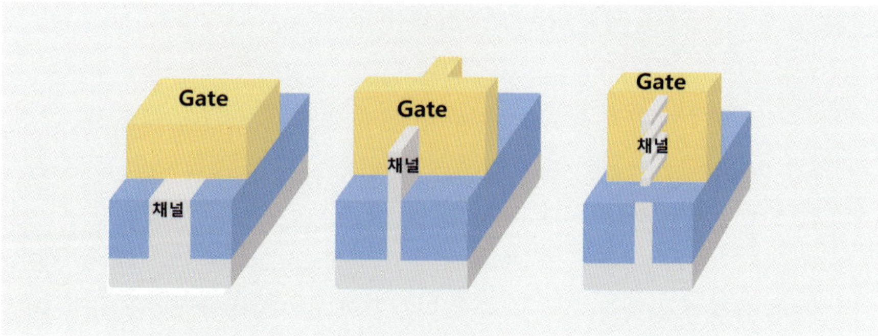

2D Planar MOSFET(왼쪽), 3D FinFET(가운데), 3D GAAFET(오른쪽)

TCAD 툴: 설계한 소자의 성능을 미리 예측하는 도구

반도체 소자를 설계할 때, 실제로 만들어보지 않고 미리 성능을 예측할 수 있다면 얼마나 좋을까? 바로 이럴 때 사용하는 것이 TCAD라는 전문 설계 도구다. TCAD는 Technology Computer-Aided Design의 약자로, 설계자가 반도체 소자의 구조를 컴퓨터상에서 직접 그려보고, 전기적 특성과 물리적 특성을 입력하면, 실제로 제작하지 않아도 미리 시뮬레이션 결과를 확인할 수 있도록 도와준다. 이 덕분에 시간과 비용을 아끼면서도, 다양한 조건에서 소자가 어떻게 동작하는지 미리 예측해볼 수 있다. 그래서 반도체 개발 초기 단계에서는 TCAD를 이용한 설계와 검토가 매우 중요하다.

대표적인 TCAD 툴은 다음과 같다.

- Silvaco 사의 Atlas/Victory
- Synopsys 사의 COMSOL, Sentaurus

이 툴들은 반도체 물리, 전자기 이론, 재료 특성 등을 바탕으로 동작하며, 설계자가 입력한 구조에 따라 전류 흐름, 전압 변화, 열 발생 등 다양한 특성을 계산해 준다.

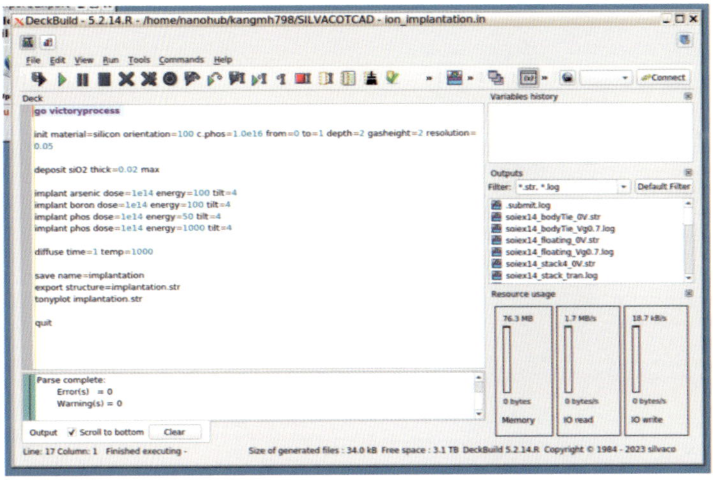

Silvaco Victory 툴 실행화면

TCAD 설계는 어렵고 비싸지만, 그만큼 효과적이다

TCAD를 사용하는 작업은 생각보다 단순하지 않다. 반도체 공학, 물리학, 재료과학 등에 대한 깊은 이해가 필요하기 때문에, 보통은 석사 이상의 전문 인력이 이 작업을 맡는다. 또한 소자의 구조가 복잡해질수록 시뮬레이션에 걸리는 시간도 늘어난다. 간단한 구조는 몇 시간 안에 끝날 수도 있지만, 복잡한 구조는 며칠씩 걸리는 경우도 있다. 그래도 실제로 반도체 소자를 만들려면 몇 개월이 걸리고 수억 원의 비용이 드는 걸 생각하면, 미리 성능을 예측할 수 있는 TCAD는 매우 유용한 도구다.

물론 단점도 있다. 이런 TCAD 툴은 매우 고가다. 예를 들어 Synopsys사의 Sentaurus는 연간 라이선스 비용만 수천만 원에서 많게는 억 단위까지 나올 수 있다. 그럼에도 불구하고 시간과 비용을 아껴줄 수 있기 때문에, 반도체 소자 설계에는 없어서는 안 될 중요한 도구로 널리 사용되고 있다.

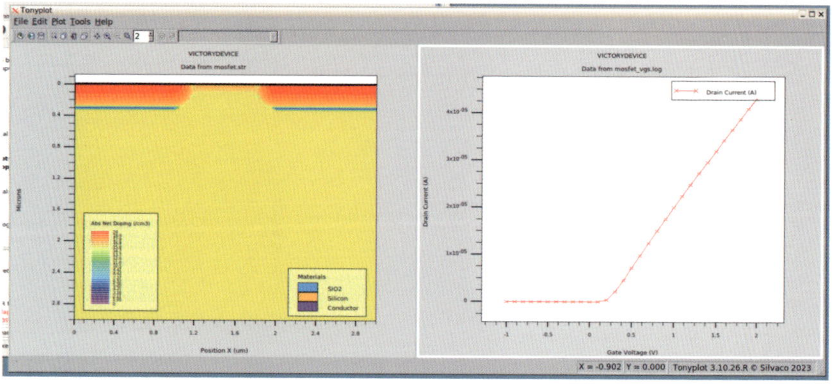

TCAD 툴을 이용한 반도체소자 설계 예시

3.2. 반도체 회로설계: 고객이 원하는 기능을 구현하는 설계 과정

반도체 회로 설계는 앞에서 설명한 단위 소자, 주로 트랜지스터를 여러 개 조합해서 고객이 원하는 기능이나 동작을 구현하도록 회로를 구성하는 과정이다. 조금 더 쉽게 말하자면, 앞에서 설계한 트랜지스터는 레고의 기본 블록처럼 생각하면 된다. 회로 설계는 이 블록들을 어떻게 조립해야 자동차나 비행기, 로봇처럼 우리가 원하는 형태가 나올지를 고민하는 작업이다. 즉, 각각의 블록을 어떤 순서로, 어떤 방식으로 연결해야 최종 목표를 이룰 수 있을지를 설계하는 것이다.

EDA 툴: 회로 설계를 도와주는 전자 설계 자동화 도구

회로 설계는 단순히 손으로 선을 그리는 작업이 아니다. 수천 개, 수백만 개에 이르는 트랜지스터를 정확하게 조합해야 하기 때문에, 전문적인 설계 도구가 필요하다. 이때 사용하는 게 바로 EDA (Electronic Design Automation) 툴이다. 전자 회로 설계를 도와주는 소프트웨어다. EDA 툴 중에서도 가장 널리 쓰이는 프로그램은 Cadence다.

Cadence를 이용하면 회로 설계자가 다음과 같은 작업을 할 수 있다.

- 단위 소자들을 조합하고 연결하여 전체 회로의 동작을 시뮬레이션

• 전기적 특성이나 타이밍이 잘 맞는지 검토
• 반도체 칩으로 만들기 위한 형태(layout)를 설계
• 실제로 제작 가능한지를 판단하고, 오류를 사전에 확인

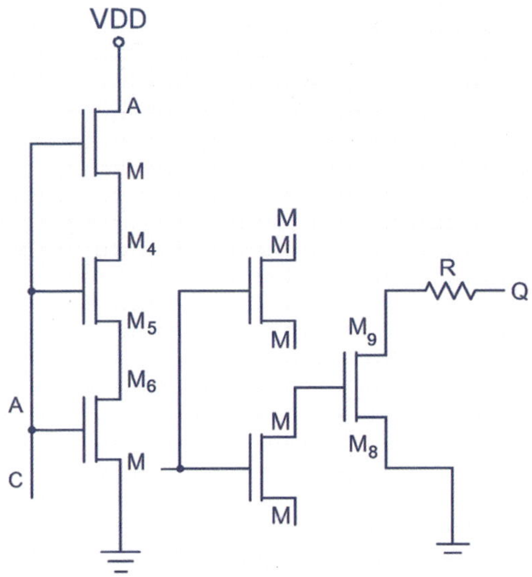

반도체 회로 설계 예시

회로 설계의 마지막 단계: Layout 설계

회로의 동작이 시뮬레이션을 통해 정상적으로 확인되면, 이제 실제 반도체 칩으로 제작할 수 있도록 소자들을 배치하고 배선하는 작업, 즉 layout을 진행한다.

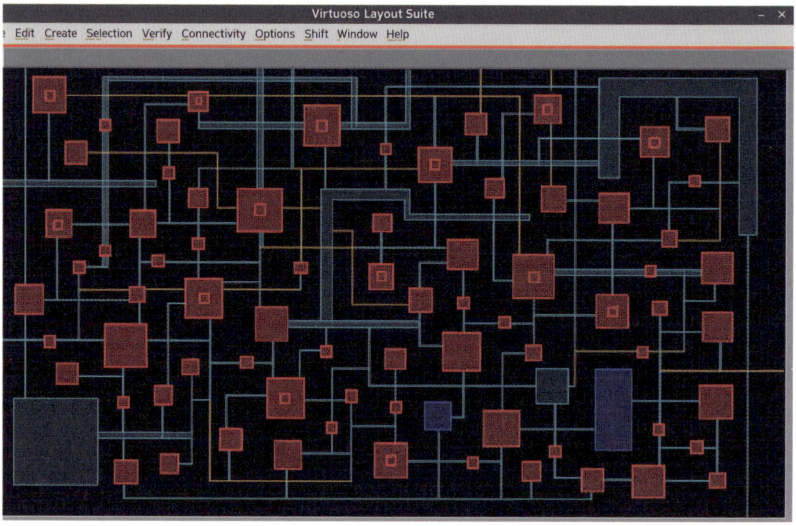

반도체 단위 소자들의 배치(layout)

Layout 설계에서는 다음과 같은 작업이 이루어진다.

- 소자 배치 – 수많은 트랜지스터, 저항, 커패시터 등의 부품을 일정한 규칙에 따라 위치시킨다.
- 배선 연결 – 부품들 사이를 금속선으로 연결해 전기 신호가 오갈 수 있도록 한다.

이 배선도 또한 정해진 폭과 간격을 지켜야 하며, 이를 설계 규칙(design rule)이라고 부른다. 이 과정을 통해 만들어진 layout은 마스크(mask)라는 형태로 변환되며, 이 마스크는 이후 반도체 제조 공정 중 '포토 공정'에서 회로 패턴을 웨이퍼 위에 전사하는 데 사용된다.

포토마스크

회로 설계는 왜 중요할까?

회로 설계는 단순히 회로를 연결하는 것을 넘어서, 고객의 요구를 정확하게 반영하고 전력 소모를 줄이면서도 빠르고 안정적으로 동작하는 회로를 구현하는 것이 핵심이다. 또한, 회로 설계에서 오류가 발생하면 반도체 칩이 제대로 동작하지 않기 때문에, 설계 단계에서의 검토와 시뮬레이션이 매우 중요하다.

3.3. 반도체 칩은 어떻게 만들어질까? 반도체공정

이제부터는 반도체 칩이 실제로 어떤 환경에서, 어떤 과정을 통해 만들어지는지 자세히 알아보자. 반도체 칩은 '클린룸(clean room)' 또는 '팹(fab)'이라고 불리는 특별한 공간에서 제조된다. 'fab'은 영어로 fabrication(제조)의 약자로, 반도체 제조를 위한 공장 전체를 뜻한다. 이곳은 먼지 하나조차 철저히 관리되는 매우 청결한 공간이다. 왜 이렇게까지 청정한 환경이 필요할까?

그 이유는 반도체 칩이 머리카락보다 수천 배나 더 작은 미세한 구조로 이루어져 있기 때문이다. 눈에 보이지도 않는 아주 작은 먼지 한 알갱이조차 반도체 제품에 심각한 결함을 일으킬 수 있어서, 제조 환경은 거의 무균실 수준의 청정도를 유지해야 한다.

그렇다면 클린룸은 어떤 곳일까?

클린룸은 일반 공간과 다르게, 공기 중의 미세먼지나 수분, 인체에서 나오는 각종 오염물질을 철저히 차단하는 구조로 되어 있다. 이곳에 들어가기 위해서는 '방진복'이라고 불리는 특수한 옷을 착용해야 한다. 방진복은 머리부터 발끝까지 온몸을 덮는 형태로, 머리카락이나 피부에서 나오는 먼지, 체취, 습기 등이 외부로 노출되지 않도록 해준다. 또한 클린룸은 외부보다 기압이 더 높게 설정되어 있어서, 내부 공기는 밖으로 나갈 수 있지만 외부 공기는 안으로 들어올 수 없다. 이런 방식으로 오염물질의 유입을 근본적으로 차단하는 구조다.

반도체 클린룸(청정실)

클린룸의 청정 등급: 얼마나 깨끗해야 할까?

클린룸의 청정도는 '클래스(class)'라는 기준으로 측정된다. 이는 1입방피트(ft³) (약 30cm × 30cm × 30cm 크기)의 공간에 0.5마이크로미터(㎛) 이상의 먼지가 얼마나 있는지를 기준으로 삼는다.

예를 들어,

- 클래스 10: 1입방피트 내에 0.5㎛ 이상의 먼지가 10개 미만
- 클래스 1000: 같은 공간에 먼지가 1000개 미만

최첨단 반도체는 클래스 10 이하, 경우에 따라서는 클래스 1 수준의 청정도를 요구된다. 이는 거의 무균실에 가까운 수준으로, 우리가 평소에 숨쉬는 공기와는 비교도 안 될 만큼 깨끗한 환경이다.

반도체 8대 공정

반도체는 단 한 번의 공정으로 완성되는 것이 아니다. 수십, 수백 가지의 복잡한 공정이 정해진 순서와 규칙에 따라 반복되며 진행된다. 이렇게 많은 공정을 보다 쉽게 이해할 수 있도록 대표적인 과정 8가지를 정리한 것이 '반도체 8대 공정'이다.

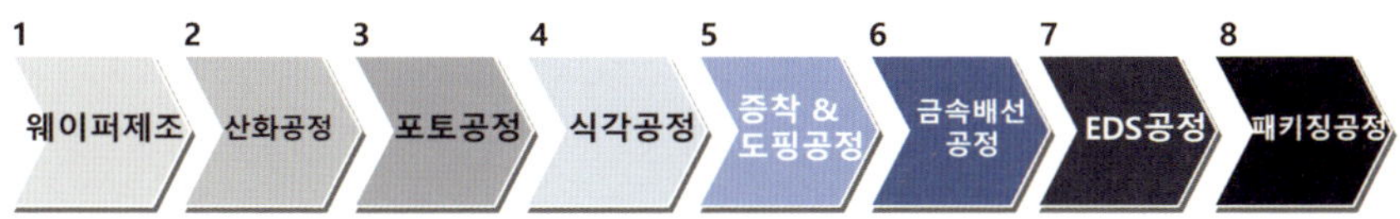

반도체 8대 공정

반도체 8대 공정은 크게 전공정(front-end process)과 후공정(back-end process)으로 나뉜다. 전공정은 웨이퍼 위에 회로를 만드는 과정이고, 후공정은 완성된 칩을 자르고 포장하고 테스트해서 출하하는 과정이다.

- 전공정 (1~6단계): 반도체 회로를 웨이퍼 위에 형성하는 과정으로 칩의

핵심이 이 단계에서 만들어진다.

- 후공정 (7~8단계): 완성된 칩을 테스트하고, 포장하는 과정으로 사용자에게 전달 가능한 제품으로 완성하는 단계이다.

전공정에서는 반도체 웨이퍼 위에 트랜지스터와 배선 같은 구조를 아주 정밀하게 만들어 간다. 이 과정은 마치 도면에 따라 수천 개의 건물을 한 도시 위에 세우는 것과 비슷하다.

후공정에서는 이렇게 완성된 반도체 칩을 하나하나 검사해서 불량품을 골라내고, 플라스틱이나 세라믹 같은 재료로 감싸는 패키징을 진행한다. 패키징은 반도체를 외부 충격이나 습기로부터 보호하고, 전기적 연결 부위를 통해 다른 기기와 신호를 주고받을 수 있도록 해주는 중요한 작업이다.

이제부터는 반도체 8대 공정이 어떤 순서로 진행되고, 각 공정이 어떤 역할을 하는지 하나씩 자세히 살펴보겠다.

3.3.1. 웨이퍼(Wafer) 제조: 반도체의 땅이 되는 실리콘 판

반도체를 만들기 위한 첫 번째 단계는 바로 '웨이퍼(wafer)'를 준비하는 것이다. 건물을 지으려면 가장 먼저 땅이 필요하듯, 반도체를 만들기 위해서도 그 기반이 되는 '기판(基板)', 즉 반도체를 쌓을 땅이 필요하다. 이때 사용하는 재료가 바로 얇고 동그란 판 형태의 '실리콘 웨이퍼'이다.

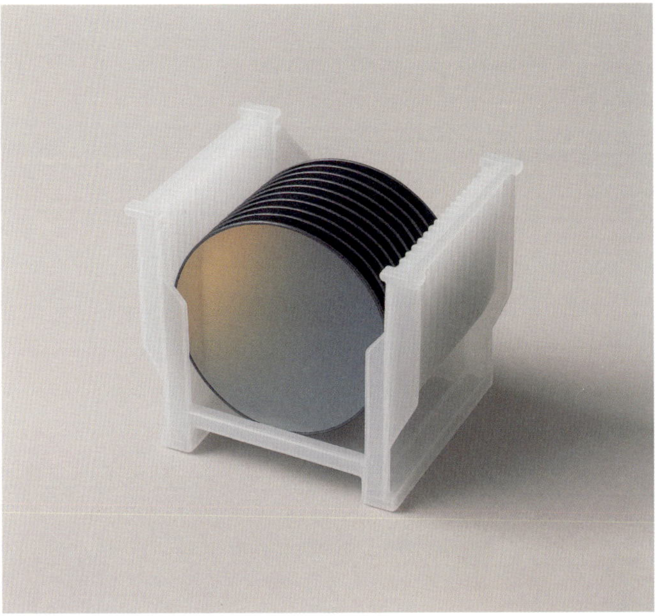

실리콘 웨이퍼

웨이퍼 위에 반도체 칩을 여러 개 만든다고?

많은 사람들이 웨이퍼 하나가 반도체 하나라고 생각하기도 한다. 하지만 실제로는 그렇지 않다. 하나의 웨이퍼 위에는 수백 개에서 많게는 수천 개의 반도체 칩이 한꺼번에 만들어진다. 이후, 이 웨이퍼는 일정한 크기로 잘려서 각각이 독립된 반도체 칩이 되는데, 이렇게 잘려 나온 조각을 '다이(die)'라고 부른다.

웨이퍼 위에 여러개의 칩(die)이 형성된 모습

웨이퍼는 무엇으로 만들어질까?

웨이퍼의 재료는 '실리콘(Si)'이다. 이 실리콘은 우리가 흔히 보는 모래 속에 들어 있는 '규소'라는 원소에서 추출된다고 한다. 즉, 반도체의 시작은 모래라고 할 수 있다. 하지만 반도체에 쓰이기 위해서는 아주 순수한 상태의 고체 실리콘이 필요하다. 그 순도는 무려 99.9999999% 이상, 즉 '9N(9가 9개)'급 이상이어야 한다. 티끌만큼의 불순물도 있어서는 안 되기 때문이다. 이렇게 고순도의 실리콘을 가공해, 매우 얇고 매끈한 판으로 만든 것이 바로 웨이퍼다. 그렇다면 웨이퍼는 어떻게 만들어질까?

웨이퍼를 만드는 데 가장 널리 쓰이는 방식은 폴란드의 과학자 얀 초크랄스키(Jan Czochralski)가 개발한 '초크랄스키(Czochralski) 공법'이다. 그래서 이렇게 만든 웨이퍼를 'Cz 웨이퍼'라고 부르기도 한다.

초크랄스키 공법의 간단한 과정

Ⅰ. 먼저, 실리콘 덩어리(폴리실리콘 (polysilicon))를 1400도 이상의 고온에서 녹인다. 이때 사용하는 그릇은 쿼츠(quartz) 재질로 만든 용광로다. 고

온에서 실리콘이 녹으면, 마치 마그마처럼 걸쭉한 액체 상태가 된다.

II. 이 녹은 실리콘에 '종자 층(seed layer)'이 달린 가느다란 막대를 살짝 담갔다가, 천천히 돌리면서 위로 들어 올린다. 그러면 액체 실리콘이 종자 층의 결정 구조를 따라 고체로 서서히 자라나게 된다.

III. 이렇게 자라난 둥글고 긴 실리콘 결정 덩어리를 '잉곳(ingot)'이라고 부른다.

초크랄스키(Czochralski) 공법 순서

잉곳 → 웨이퍼가 되기까지

잉곳은 우리가 사용하는 웨이퍼보다 훨씬 크고 두꺼운 상태다. 그래서 반도체 공정에 쓰기 위해서는 먼저 얇게 썰어야 한다. 그런데 잉곳은 매우 단단하기 때문에 일반적인 칼이나 톱으로는 자를 수가 없다. 그래서 다이아몬드가 코팅된 와이어를 고속으로 회전시키면서, 자르는 대신 갈아내는 방식으로 얇고 일정하게 절단한다. 이렇게 잘라낸 얇은 실리콘 판이 바로 웨이퍼다.

하지만 방금 잘라낸 웨이퍼는 표면이 거칠고 울퉁불퉁하기 때문에 그대로는 사용할 수 없다. 그래서 '폴리싱(polishing)'이라는 과정을 거쳐 표면을 매끄럽게 다듬는다. 이 과정을 통해 표면이 마치 거울처럼 반짝일 정도로 매끈하게 만들어진다. 이후에는 세척을 통해 먼지나 오염물질을 모두 제거하고, 최종적으로 반도체 공정용 웨이퍼로 출하된다.

제작된 초크랄스키 잉곳

웨이퍼의 크기는 얼마나 클까?

처음 반도체 웨이퍼가 만들어졌을 때는 지름이 약 2인치, 즉 5cm 정도에 불과했었다. 하지만 시간이 지나면서 기술이 발전하고, 한 번에 더 많은 반도체 칩을 만들 수 있도록 웨이퍼의 크기도 점점 커지게 되었다. 지금은 12인치, 약 30cm 크기의 웨이퍼가 가장 널리 사용되고 있다.

웨이퍼가 커지면 한 장에서 더 많은 칩을 생산할 수 있기 때문에, 생산성이 올라가고 단가도 낮아진다. 그래서 반도체 산업에서는 웨이퍼의 크기를 키우는 것이 매우 중요한 과제로 여겨지고 있다. 최근에는 18인치(450mm) 웨이퍼도 연구되고 있지만, 장비와 공정 전반을 새로 맞춰야 하기 때문에 상용화에는 시간이 더 걸릴 것으로 보인다.

12인치 크기의 웨이퍼

3.3.2. 산화(Oxidation) 공정: 절연막을 만드는 중요한 과정

반도체 8대 공정 중 두 번째는 바로 산화 공정이다. 이 공정에서는 실리콘 웨이퍼 표면에 산화막(산화 실리콘, SiO_2)이라는 얇은 절연층을 형성하는 공정이다.

왜 산화막을 만들어야 할까?

산화막은 전기가 흐르지 않는 절연체, 즉 부도체이다. 우리가 알고 있는 유리도 전기가 통하지 않는데, 유리의 주성분인 이산화규소(SiO_2) 역시 전기를 막는 성질을 가지고 있다. 반도체에서는 이 특성을 활용하여 다음과 같은 역할을 하게 된다.

- 트랜지스터 간 간섭 방지: 반도체 칩 안에는 수억 개의 트랜지스터가 들어가는데, 이들이 서로 영향을 주면 안 되기 때문에, 트랜지스터 사이사이에 산화막을 넣어 전기적으로 분리시켜 준다.
- 금속 배선 사이 절연: 반도체 칩 안에는 수많은 금속 배선이 얽혀 있는데, 이 배선들이 서로 닿지 않도록 산화막이 절연층, 즉 전선의 피복처럼 작용하는 것이다.

산화막은 어떻게 만들까?

산화막의 화학식은 SiO_2이다. 실리콘(Si)과 산소(O_2) 또는 수증기(H_2O)가 반응하면 쉽게 만들 수 있다. 이 반응 방법에 따라 두 가지 산화 방식이 있다.

건식 산화(Dry Oxidation): $Si + O_2 \rightarrow SiO_2$

→ 반응 속도는 느리지만, 산화막 품질이 매우 좋다.

습식 산화(Wet Oxidation): $Si + 2H_2O \rightarrow SiO_2 + 2H_2$

→ 반응 속도는 빠르지만, 막의 품질은 건식에 비해 다소 낮다.

* 예시로 철이 녹스는 걸 떠올리면 이해가 쉽다. 공기 중에 둔 철보다 물에 담근 철이 더 빨리 녹이 슬듯이, 이처럼 습식 산화도 반응이 빠르다.

산화 공정은 얼마나 걸릴까?

산화는 간단한 반응처럼 보이지만, 실제로는 매우 느리게 진행된다. 그래서 이 공정은 보통 900~1,000도 이상의 고온에서 수행하게 된다.

- 습식 산화: 1,000도에서 1μm 두께 산화막을 만드는데 약 5시간 소요
- 건식 산화: 같은 조건에서 약 83시간이나 걸린다

즉, 속도와 품질을 고려해 산화 방식을 건식으로 할지 습식으로 할지 선택해야 한다.

산화 공정 장치는 어떻게 생겼을까?

산화막을 만들기 위한 장치는 다음과 같이 구성되어 있다.

- 웨이퍼를 쿼츠로 만든 원통형 튜브 안에 세워서 넣는다.
- 튜브는 히터로 둘러싸여 고온 유지가 가능하도록 되어 있다.
- 왼쪽 가스 연결부를 통해 산소 또는 수증기를 주입한다.

이 장치는 단순해 보일 수 있지만, 정확한 온도, 가스 농도, 반응 시간 등을 정밀하게 제어해야 하므로 매우 고급 기술이 필요하다.

* 건식 산화 시에는 산소(O_2) 가스를 튜브 안으로 넣어 실리콘과 반응시키고, 습식 산화 시에는 질소(N_2) 가스를 물이 담긴 통에 통과시켜 거품을 만들고, 그 거품에서 발생한 수증기를 쿼츠 튜브에 넣어 실리콘과 반응하게 한다.

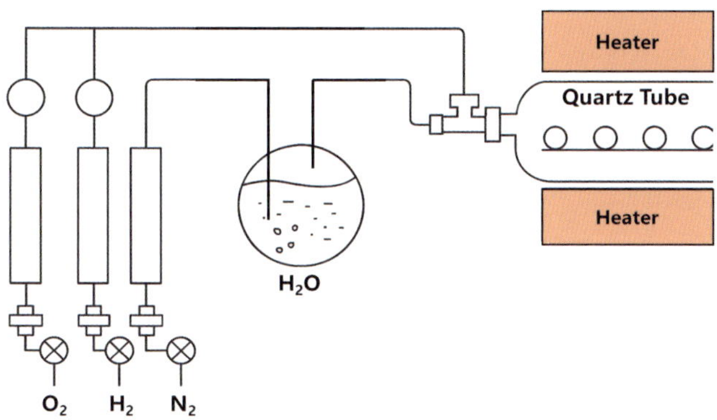

산화공정 장비 모식도

3.3.3. 포토(Photo) 공정: 반도체 회로를 그려 넣는 핵심 단계

반도체 8대 공정 중 세 번째인 포토 공정은 실리콘 웨이퍼 위에 회로의 모양을 정교하게 새겨 넣는 과정이다. 이 공정은 리소그래피(lithography)라는 판화 기법을 기반으로 하기 때문에, 리소그래피 공정이라고도 부르며, 빛(photo)을 이용한다는 의미에서 포토 공정이라는 이름도 함께 사용된다. 그래서 두 용어를 합쳐 포토리소그래피(photolithography)라고 부르는 것이 일반적이다.

왜 포토 공정이 중요할까?

반도체 안에 들어가는 회로는 머리카락보다 수십에서 수백 배나 작고 미세하다. 이런 미세한 회로를 정확하게 그려 넣는 능력이 반도체 성능을 결정한다.

즉, 포토 공정의 정밀도가 높을수록 더 작고, 빠르며, 전력 소모가 적은 반도체를 만들 수 있다. 이 때문에 포토 공정은 '반도체 공정의 꽃'이라 불리며, 가장 고가의 장비가 사용되는 핵심 공정이다.

예를 들어, ASML사의 최신 EUV 장비는 한 대에 무려 1,500억 원에 달한다. 이전 세대인 DUV 장비도 100억 원 이상의 가격이 책정돼 있어, 얼마나 고가의 장비인지 쉽게 짐작할 수 있다.

포토 공정의 진행 순서

포토 공정은 마치 사진을 찍고, 현상하는 과정과 매우 흡사하다. 사용되는 용어나 절차도 사진 인화와 비슷하다. 전체적인 흐름은 아래와 같다.

① 포토레지스트 코팅 (Photoresist Coating)

먼저, 웨이퍼 위에 포토레지스트(photoresist)라는 빛에 반응하는 감광성 물질을 바른다. 이 물질은 액체 형태이며, 스핀 코팅(spin coating)이라는 방법으로 아주 얇고 고르게 퍼지도록 한다. 이때 웨이퍼는 고속으로 회전하고, 원심력으로 인해 포토레지스트가 얇게 펴진다. 포토레지스트는 노광(빛 조사)을 받으면 성질이 변하게 되므로, 마치 사진 필름과 같은 역할을 한다.

*스핀코팅: 액체 물질을 웨이퍼 위에 얇게 바를 때는 스핀 코팅(spin coating)이라는 방법을 사용한다. 이 방법은 웨이퍼를 분당 수천 회 이상 빠르게 회전시키면, 중심에 떨어뜨린 액체가 원심력에 의해 바깥으로 고르게 퍼지게 되는 원리다. 마치 종이 위에 물감을 한 방울 떨어뜨린 뒤 종이를 빠르게 돌리면 물감이 둥글게 퍼지는 것과 비슷하다.

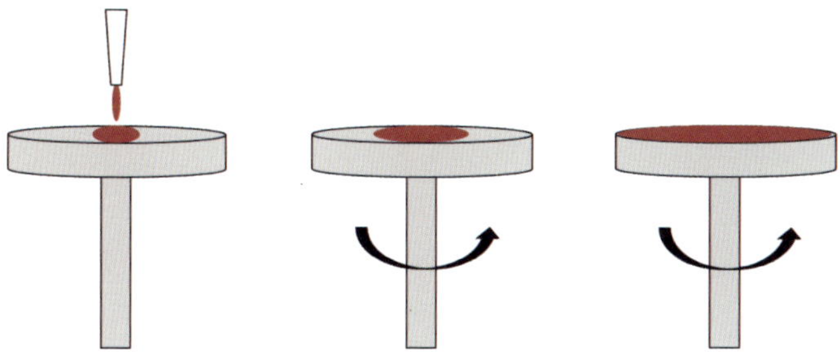

스핀코팅 공정 모식도

② 마스크 배치 및 노광 (Mask & Exposure)

그 다음, 웨이퍼 위에 회로 패턴이 새겨진 마스크(mask)를 얹고, 자외선(UV)을 비춘다. 이 과정을 노광(exposure)이라고 부른다. 마스크는 회로 모양의 판화틀이라고 생각하면 된다. 마스크의 빈틈으로만 빛이 통과해서, 포토레지스트가 회로 모양대로 노출되게 된다.

③ 현상 (Developing)

노광이 끝난 웨이퍼를 현상액(developer)에 담그면, 빛을 받은 부분의 포토레지스트가 녹아 없어지게 된다. 반대로, 빛을 받지 않은 부분은 그대로 남아서, 웨이퍼 위에 회로 모양이 포토레지스트 패턴으로 형성된다. 이 과정은 마치 사진 필름을 암실에서 인화하는 것과 비슷하다고 볼 수 있다.

포토공정에는 어떤 빛을 사용하나?

포토 공정에 사용되는 빛은 자외선(UV)이며, 파장이 짧을수록 더 정교한 회로를 그릴 수 있다.

- DUV(Deep UV): 파장 193nm. 현재 가장 널리 사용되는 기술이다. 주로 ArF(불화아르곤) 레이저를 광원으로 사용하며, 10nm대 반도체까지 적용할 수 있다.
- EUV(Extreme UV): 파장 13.5nm. 훨씬 미세한 회로를 구현할 수 있어, 7nm 이하의 첨단 반도체 제조에 필수적인 기술이다. 광원 시스템이 복잡하고 고가이지만, 공정 단순화와 미세화의 핵심으로 주목받고 있다.

* 참고로, 사람 머리카락의 두께는 약 100,000nm이므로, EUV는 머리카락보다 약 7,000배 더 미세한 패턴을 그릴 수 있는 기술이다.

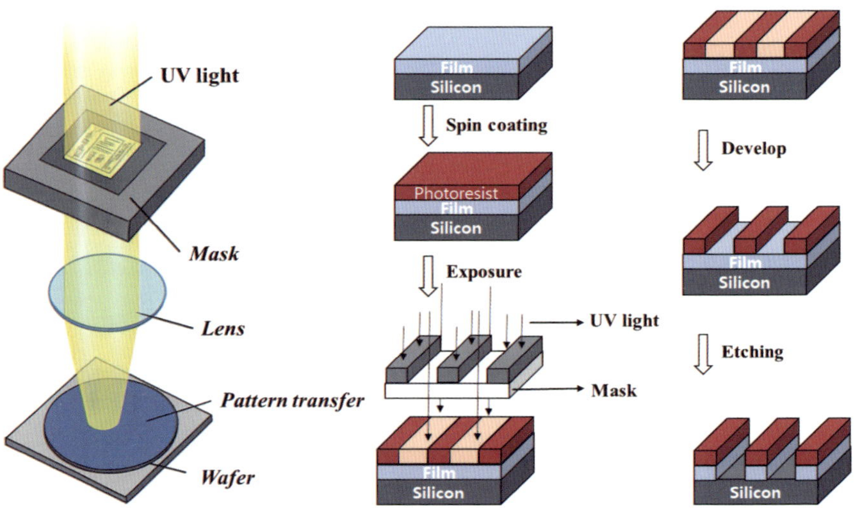

포토공정 모식도 및 포토공정 순서

포토공정의 순서를 좀더 자세히 하면 다음과 같다.

공정 순서	공정 세부 내용	목적
웨이퍼 전처리	Hexamethyldisilane 물질 스핀코팅	포토리지스트 접착성 향상
포토리지스트 도포	포토리지스트 스핀코팅	웨이퍼에 포토리지스트 도포
소프트 베이크	100℃ 오븐에서 1~5분 열처리	포토리지스트 내의 불필요한 용매 제거
노출	마스크를 통해 UV 빛 조사	마스크의 회로 패턴 새기기
현상	웨이퍼에 현상액 도포	UV 빛에 조사된 포토리지스트 제거
세척	초순수로 헹구기	잔여 현상액 제거
하드 베이크	110℃ 오븐에서 1~5분 열처리	포토리지스트 접착력 향상, 강도증가

3.3.4. 식각(Etching) 공정: 불필요한 부분을 제거

4번째 공정은 '식각(etching)' 공정으로, 반도체 내부에서 불필요한 부분을 제거해 원하는 회로 패턴을 만드는 작업이다. 식각은 보통 포토 공정 직후에 이어서 수행된다. 포토 공정에서 회로 패턴을 형성해 주면, 그 패턴을 기준으로 실제로 필요 없는 부분을 깎아내는 과정이 바로 식각 공정이기 때문이다. 식각에는 두 가지 주요 방식이 있다.

A. 습식 식각 (Wet Etching)

습식 식각은 화학 용액(에칭액)을 사용해 원하는 물질을 녹여서 제거하는 방식이다. 이 방식은 식각하려는 물질을 화학반응을 통해 물에 녹는 형태로 바꾼 뒤 제거하는 원리를 갖고 있다.

예를 들어, 실리콘 산화막(SiO_2)을 제거하고자 할 때는 불산(HF)을 사용하면 산화막이 화학적으로 반응한 뒤 수용성이 되어 물에 녹아 없어지게 된다.

습식 식각은 공정이 간단하고 비용이 저렴하다는 장점이 있지만, 식각 방향이 수평과 수직으로 모두 진행되기 때문에 아주 미세한 패턴을 구현하기에는 한계가 있다는 단점도 있다.

B. 건식 식각 (Dry Etching)

건식 식각은 액체 대신 기체(에칭가스)를 이용하는 방식이다. 주로 플라즈마 상태로 만든 가스를 사용해 대상 물질과 화학 반응을 일으킨 뒤, 반응 결과를 기체 상태의 부산물로 날려보내는 원리다.

대표적인 에칭가스로는 CF_4(사불화탄소), SF_6(육불화황) 등이 있으며, 여기에 O_2(산소), H_2(수소) 같은 가스를 혼합해 사용하기도 한다.

건식 식각은 수직 방향으로 정교하게 식각할 수 있는 이방성(Anisotropy)이 뛰어나 미세 회로 구현에 유리하다. 덕분에 나노미터 단위로 회로 폭이 작아진 현재의 반도체 제조에서는 대부분의 식각 공정이 건식 방식으로 이루어지고 있다.

식각의 화학반응 식을 정리하면 다음과 같다.

	타겟 물질	식각액 혹은 가스	화학식
습식식각	실리콘 (Si)	질산(HNO_3), 초산(CH_3COOH), 불산(HF)의 혼합액	$3Si+4HNO_3+18HF \rightarrow$ $3H_2SiF_6+4NO+8H_2O$
	산화막 (SiO_2)	1. 플루오르화 암모늄(NH_4F), 불산(HF)의 혼합액 2. 불산	$SiO_2+4HF \rightarrow SiF_4+2H_2O$ $SiO_2+6HF \rightarrow H_2SiF_6+2H_2O$
	질화막 (Si_3N_4)	1. 불산(HF) 2. 인산(H_3PO_4)	1. $Si_3N_4+16HF \rightarrow$ $2(NH_4)_2[SiF_6]+SiF_4$ 2. $Si_3N_4+4H_3PO_4 \rightarrow$ $Si_3(PO_4)_4+4NH_3$
건식식각	실리콘 (Si)	CF_4, O_2, H_2	$SiO_2+[O/F] \rightarrow [SiF_4/SiOF_2/$ $Si_2OF_6]+O_2+F_2+CO_2+H_2O$
	산화막 (SiO_2)		
	질화막 (Si_3N_4)		

식각의 기본 원리

습식이든 건식이든, 식각의 기본 과정은 다음과 같은 세 단계로 이루어진다.

① 식각 물질이 웨이퍼 표면에 도달 및 흡착

② 표면 물질과 화학 반응 → 부산물 생성
③ 생성된 부산물이 표면에서 떨어져 나가 제거

이처럼 식각공정은 단순히 깎아내는 작업이 아니라, 화학반응과 물질이동, 미세제어가 결합된 고난이도 정밀 공정이다. 식각공정은 반도체 회로의 형태를 실제로 만들어주는 핵심 단계이며, 정밀도와 선택성이 높을수록 더 고성능의 반도체를 제작할 수 있게 되는 것이다.

3.3.5. 증착(Deposition) & 도핑(Doping) 공정: 웨이퍼 표면 위에 얇은 막 형성 및 전기적 특성 부여

증착(deposition) 공정: 웨이퍼 표면 위에 얇은 막 형성 및 전기적 특성 부여
5번째 공정은 '증착(deposition)' 공정이다. 증착은 말 그대로 웨이퍼 표면 위에 아주 얇은 막(필름)을 덮어 씌우는 과정이다. 반도체는 매우 미세한 단위로 제작되기 때문에, 사용되는 물질도 수 나노미터(nm)에서 수십 나노미터 두께의 극히 얇은 막 형태로 형성되어야 한다. 이런 극박막을 만들기 위해 일반적인 방식으로는 불가능하고, 반도체만의 특수한 증착 기술이 필요하다. 반도체 산업에서는 크게 두 가지 방식이 널리 사용된다.

A. 화학기상증착 (CVD)

화학기상증착(CVD: Chemical Vapor Deposition)은 기체 상태의 원료 가스가 웨이퍼 표면에서 화학반응을 일으켜, 그 반응의 생성물이 웨이퍼 위에 달라붙어 얇은 막을 형성하는 방식이다. CVD는 균일한 막 형성이 가능하고, 공정 속도가 빠르다는 장점이 있어 널리 사용되고 있다. CVD 방식은 주로 600~1000도의 고온 환경에서 이루어지며, 공정은 다음과 같은 절차로 진행된다.
① 가스를 챔버 안으로 주입한다.
② 고온 상태에서 가스가 분해된다.

③ 분해된 가스들이 웨이퍼 표면에서 화학 반응을 일으킨다.
④ 생성물이 웨이퍼에 부착되면서 박막이 형성된다.
⑤ 남은 부산물은 배출된다.

CVD 과정에서 사용되는 가스들은 각 필름 종류에 따라 달라지는데, 대표적인 예는 아래와 같다. 이때 자주 사용되는 SiH_4(실란, Silane) 가스는 매우 인화성이 강하고, 공기 중에서도 자연 발화할 수 있는 위험한 물질이기 때문에 취급 시 철저한 안전 관리가 필요하다. 가스 누출이나 온도 상승 등에 민감하게 반응하므로, 밀폐된 라인, 가스 감지 센서, 비상차단 장치 등의 안전 시스템이 필수적으로 적용된다.

CVD 공정에서 증착 물질별 가스 종류

필름 종류	가스
에피택셜 실리콘 (극초순수 실리콘)	SiH_4+H_2
다결정 실리콘	SiH_4
질화막 (Si_3N_4)	SiH_4+NH_3
산화막 (SiO_2)	SiH_4+O_2

B. 물리기상증착 (PVD)

물리기상증착 (PVD: Physical Vapor Deposition)는 기계적 혹은 물리적인 힘을 이용하여 박막을 형성하는 방식으로, 주로 금속 재료를 증착할 때 사용된다. 대표적인 두 가지 방식은 다음과 같다.

Ⅰ. 진공증착 (Evaporation)

진공증착은 증착할 물질을 열을 가해 증발시키고, 그 증발된 물질이 웨이퍼 표면에 달라붙도록 하는 방식이다. 하지만 증발된 물질이 웨이퍼 표면까지 직진하여 도달하려면, 공기 분자와 충돌하지 않도록 높은 진공 상태의 유지가 필수적이다. 그래서 장비 내부는 10^{-6} Torr 이하의 초고진공 상태를 유지해야 한다.

진공 증착은 물질을 녹이는 방식에 따라, 두가지 방식으로 구분이 되는데, 녹는점이 낮은 물질은 열 방식, 높은 물질은 전자빔 방식을 사용한다.

- Thermal Evaporation: 가열로 물질을 녹여 기화
- E-beam Evaporation: 전자빔으로 물질을 녹여 기화

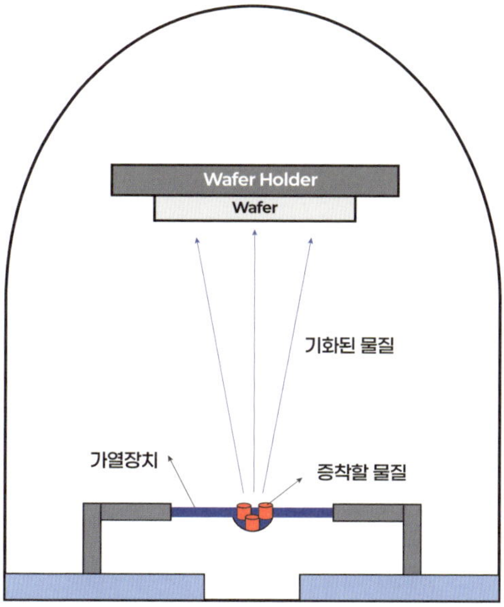

진공증착장비 모식도

II. 스퍼터링 (Sputtering)

스퍼터링은 진공 상태에서 Ar(아르곤) 가스를 주입하고, 이를 플라즈마 상태로 만들어 Ar^+ 이온을 생성한 뒤, 전기장을 이용해 이 이온들을 타겟(target) 금속판에 강하게 충돌시키는 방식이다. 충돌 에너지를 받은 금속 원자가 타겟에서 튕겨 나와, 맞은편에 있는 웨이퍼 표면에 달라붙으며 얇은 금속막을 형성하게 된다. 이 방식은 다음과 같은 장점이 있어 전극 형성에 널리 사용된다

- 막의 균일도가 높아, 웨이퍼 전면에 고르게 증착할 수 있다.
- 접착력이 우수해, 금속막이 잘 들뜨거나 벗겨지지 않는다.
- 공정 온도가 비교적 낮아, 열에 민감한 기판에도 적용 가능하다.
- 합금 타겟을 이용하면 복합 금속막도 쉽게 증착할 수 있다.

특히 스퍼터링은 알루미늄(Al), 구리(Cu), 티타늄(Ti) 같은 금속 전극을 만드는 데 매우 효과적이며, 반도체 칩 내 배선 공정에서 필수적으로 사용되는 기술이다.

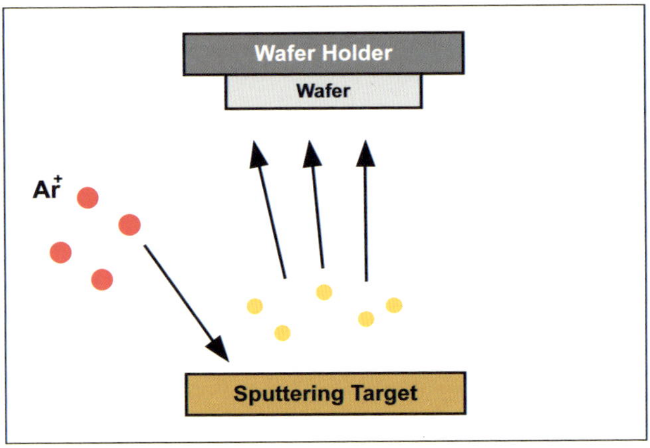

스퍼터링 장비 모식도

도핑(Doping) 공정: 전기적 특성 부여

도핑이란 반도체에 극소량의 불순물을 인위적으로 주입하여 전기적 성질을 바꾸는 과정을 말한다. 여기서 말하는 '불순물'은 우리가 흔히 생각하는 오염물질이 아니라, 반도체 성능을 조절하기 위한 필요한 첨가물이다.

왜 도핑이 필요할까?

순수한 실리콘만으로는 전기가 잘 흐르지 않기 때문에, 전기를 잘 흐르게 만들기 위해서는 전자나 정공을 인위적으로 만들어주는 과정이 필요하다. 이때 사용하는 것이 바로 도펀트(dopant)라고 불리는 불순물 원소이다. p형 반도체를 만들기 위해서는 붕소(B)처럼 전자 하나가 부족한 원소(3가 원소)를 사용하는데, 이때 생기는 '빈자리'는 정공(hole)이 되어 전류를 운반한다. 반면에, n형 반도체를 만들기 위해서는 인(P)이나 비소(As)처럼 전자 하나가 더 많은 원소(5가 원소)를 사용한다. 이 원소들은 여분의 전자를 제공하여 전류를 흐르게 한다.

도핑의 방법: 열확산 vs. 이온주입

도펀트를 반도체에 주입하는 방식에는 크게 열확산(diffusion)과 이온주입(ion implantation) 두 가지 방식이 있다.

A. 열확산(diffusion)

이 방법은 고온의 열에너지를 이용해 도펀트를 실리콘 내부로 스며들게 하는 방식으로, 구체적인 방식은 다음과 같다.

① 기체 형태의 도펀트를 실리콘 웨이퍼 위에 노출시킨다.

② 온도를 800도 이상으로 올려 일정 시간 (30분 이상) 유지하면, 도펀트 원자들이 실리콘 원자 사이를 뚫고 확산하게 된다.

③ 높은 온도 혹은 긴 시간을 줄수록, 실리콘 안으로 더 많은 양이 더 깊숙이 들어가게 된다.

이 방식은 단순하고 넓은 면적에 균일하게 확산시킬 수 있지만, 정밀한 깊이 조절이 어렵다는 단점이 있다.

B. 이온주입(ion implantation)

이온주입은 도펀트를 이온화한 뒤 전기적인 힘으로 가속시켜 웨이퍼에 충돌시켜 넣는 방식으로, 다음과 같은 절차로 진행된다.

① 먼저 도펀트를 플라즈마 상태로 만들어 이온 형태로 변환시킨다.

② 이 이온을 전기장으로 가속하여 실리콘 표면에 고속으로 충돌시킨다.

③ 충돌한 이온은 실리콘 원자 사이를 파고들며 일정 깊이까지 침투하게 된다.

예를 들어, 100 keV의 에너지로 가속된 인(P) 이온은 대략 100nm 깊이까지 들어가게 된다. 더 깊은 곳으로 도핑하려면 이온에 더 큰 에너지(예: 500

keV → 약 500nm)를 가해주면 된다. 이온주입 방식은 정확한 양과 깊이를 조절할 수 있다는 장점이 있어, 현대의 양산형 반도체에는 열확산 방식이 아닌 이온주입 방식이 주로 사용된다. 하지만 고가의 장비와 진공 상태가 필요해 장비 운영 비용은 상대적으로 높다.

3.3.6. 금속배선(Metallization) 공정: 전기 신호를 전달하는 배선 연결

금속배선 공정은 완성된 반도체 회로를 실제로 동작시키기 위해 전기 신호를 전달할 수 있는 배선을 연결하는 과정이다. 쉽게 말해, 전기 에너지를 반도체 내부 회로에 공급해주는 '전선 연결 작업'이라고 볼 수 있다.

반도체 내부에는 수십억 개의 트랜지스터가 존재하는데, 이들이 제각기 동작하기 위해서는 전기적인 연결이 반드시 필요하다. 우리가 일반적으로 전기 회로에서 전선을 연결하는 것처럼, 반도체 칩 안에서도 금속 배선을 이용해 회로 요소들 간에 전기를 흐르게 만들어야 한다. 이 배선이 없으면 아무리 정교하게 회로를 만들어도 칩은 전혀 동작하지 않는다.

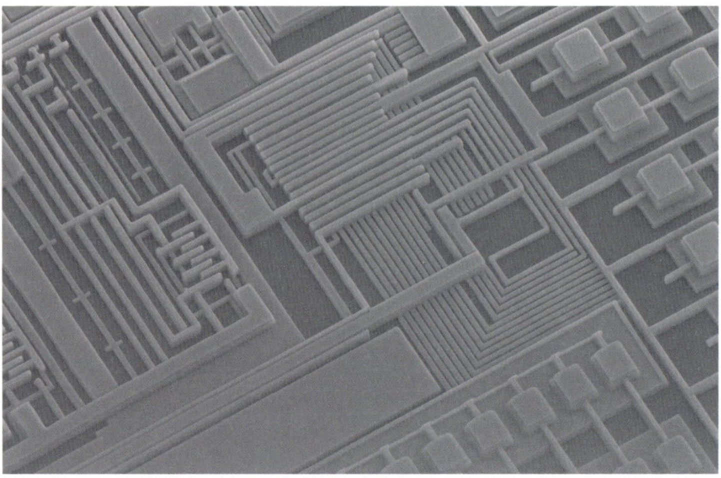

반도체의 금속 배선

어떤 금속이 반도체의 배선에 적합할까?

금속이라면 전기를 잘 흐르게 하니 아무 금속이나 써도 될 것 같지만, 실제로 반도체 공정에서는 다음과 같은 엄격한 조건을 충족해야 사용할 수 있다.

① 전기 저항이 낮아야 한다. → 전류 손실을 줄이고, 회로의 속도와 효율을 높이기 위함이다.

② 실리콘과의 부착성이 좋아야 한다. → 시간이 지나도 들뜨거나 떨어지지 않도록 안정적으로 붙어 있어야 한다.

③ 열적·화학적으로 안정해야 한다. → 고온 공정에서도 쉽게 변형되거나 산화되지 않아야 한다.

④ 식각 및 증착이 용이해야 한다. → 복잡한 회로 패턴을 정밀하게 만들 수 있어야 하며, 얇은 박막으로 증착하기도 쉬워야 한다.

⑤ 가격이 저렴해야 한다. → 수천~수만 장의 웨이퍼에 적용해야 하므로, 재료 단가도 중요하다.

아래는, 다양한 금속 물질들의 반도체 배선 금속 물질로의 접합성을 비교한 표이다.

금속재료	부착성	전기저항	안정성	공정의 용이성	가격
Al(알루미늄)	△	○	×	○	○
Cu(구리)	△	○	○	×	○
Au(금)	△	○		○	×
Ag(은)	△	○		○	×
W(텅스텐)	△	△		○	△
Ti(티타늄)	○	×		○	△

3.3.7. EDS(Electrical Die Sorting) 공정: 최종 테스트

EDS 공정은 반도체 제조 과정에서 전공정이라 불리는 복잡하고 정밀한 공정을 모두 마친 후, 실제 반도체 칩이 제대로 동작하는지 확인하는 최종 테스트 단계이다. 이 과정은 반도체 칩의 양품(정상 동작 칩)과 불량품을 선별하여, 최종 제품의 품질을 확보하고 생산 효율을 극대화하는 데 중요한 역할을 하게 된다.

왜 EDS 공정이 중요한가?

반도체는 수십에서 수백 개에 이르는 정밀한 공정을 거쳐, 수 나노미터(nm) 단위의 아주 미세한 회로를 웨이퍼 위에 형성해 만든다. 이 복잡한 과정 중 어느 한 단계에서라도 미세한 오차나 이물질이 발생하면 회로에 결함이 생기고, 그렇게 되면 그 반도체 칩은 제대로 동작하지 않는다. 그래서 전공정이 모두 끝난 후에는 실제로 동작할 수 있는 칩과 불량 칩을 구분하는 절차가 꼭 필요하다. 이 과정을 바로 EDS라고 부른다.

EDS 공정에서 어떤 일이 이루어지나요?

EDS 공정은 다음과 같은 과정을 포함한다.

① 웨이퍼 프로빙(Wafer Probing): 아직 자르지 않은 원형 웨이퍼 상태에서, 프로브 카드(probe card)라는 미세한 바늘처럼 생긴 장치를 이용해 각 반도체 칩의 전극에 전류나 전압을 인가하여 전기적 특성을 측정

② 온도 테스트 (Hot/Cold Test): 반도체는 다양한 온도 환경에서도 안정적으로 작동해야 하므로, 고온(예: 125°C) 또는 저온(예: -40°C)에서 테스트를 수행

③ 불량 칩 제거 또는 표시(Marking): 측정 결과 불량으로 판별된 칩은 웨

이퍼 상에서 표시(marking)하거나, 레이저로 표면에 사인을 남겨 제거되도록 한다.

수율(Yield)이란?

EDS 공정을 통해 반도체의 수율(yield)이 결정되며, 수율은 다음과 같이 정의된다.

수율 (%) = (양품 칩 수 / 전체 칩 수) × 100

수율은 반도체 생산성과 수익에 직결되는 핵심 지표이다. 예를 들어, 웨이퍼 한 장에서 100개의 칩이 생산되었는데, 이 중 90개가 정상 동작한다면 수율은 90% 이다.

반도체 산업에서는 일반적으로 수율이 최소 80% 이상은 되어야 수익을 확보할 수 있다고 말한다. 고성능 칩이나 미세 공정에서는 수율을 1%만 개선해도 수억~수천억 원의 수익 차이가 발생할 수 있기 때문에, EDS 공정은 단순한 테스트 이상의 경영 전략상 매우 중요한 핵심 공정이라 할 수 있다.

양품만 다음 공정으로 넘어간다

EDS 공정이 끝나면, 양품으로 판정된 칩만 다음 공정인 패키징 공정으로 넘어가게 된다. 반면 불량으로 판별된 칩은 레이저 마킹 후 제외되거나 웨이퍼 자르기(dicing) 단계에서 제거된다. 이렇게 EDS는 패키징 공정에 들어가는 불량 칩을 미리 제거함으로써 시간, 자재, 비용 낭비를 막는 역할도 하게 된다.

3.3.8. 패키징(Packaging) 공정: 포장 & 제품화

패키징 공정은 반도체 제조의 마지막 단계로, EDS 공정을 통해 양품으로 판정받은 반도체 칩을 외부 환경으로부터 보호하고, 전기적으로 외부 회로와 연결 가능하도록 만드는 작업이다. 이 공정을 마치면 우리가 흔히 보는 반도체의 최종 형태가 완성된다.

패키징 공정은 다음과 같은 과정을 포함한다.

① 다이싱(Dicing): 웨이퍼를 칩 단위로 분리

반도체 칩은 웨이퍼 위에 수백 개에서 수천 개까지 빽빽하게 배열된 형태로 제작된다. 패키징 공정은 다이싱(dicing)이라고 부르는 웨이퍼에서 각각의 칩(die)을 잘라내는 과정부터 시작된다.

② 다이 어태치(Die Attach): 칩을 패키지 기판에 부착

분리된 칩은 이제 패키지의 기판(substrate) 또는 리드프레임(lead frame) 위에 부착된다. 이 과정을 다이 어태치 또는 다이 본딩 (die bonding) 이라고 부른다.

③ 와이어 본딩(Wire Bonding): 외부 회로와 연결

칩의 미세한 전극 패드(pad)와 패키지의 외부 단자 또는 리드프레임을 가느다란 금속 와이어로 연결하는 작업이다.

④ 몰딩(Molding): 외부 보호

와이어 본딩까지 마친 칩은 외부 환경으로부터 보호하기 위해 몰딩 성형 공정을 거친다. 이 과정에서 칩과 와이어가 수지 재료로 밀봉된다.

⑤ 리드 트리밍 & 성형 (Lead Trimming & Forming)

몰딩이 끝나면 패키지에서 금속 리드(lead)를 적절한 길이로 잘라내고, PCB(기판)에 부착할 수 있는 형태로 성형하는 과정을 거친다.

⑥ 최종 테스트(Final Test)

패키징이 완료된 제품은 출하 전 마지막 단계로 기능 테스트 및 신뢰성 평가를 받는다. 기능 테스트에서는 전기적 성능, 동작 속도, 소비 전력 등을 검사하며, 신뢰성 시험에서는 고온/고습, 열충격, 진동 테스트 등을 통해 제품 수명과 내구성을 확인한다.

패키징 공정의 중요성

패키징 공정은 단순히 반도체를 포장하는 것이 아니라, 칩을 보호하고, 안정적으로 작동하도록 완성시키는 매우 중요한 최종 제조 단계이다. EDS 공정으로 선별된 양품만 패키징 공정으로 넘어가며, 이 과정을 통해 반도체는 비로소 우리가 일상에서 볼 수 있는 형태로 탈바꿈하여 전자제품에 탑재될 준비를 마치게 된다.

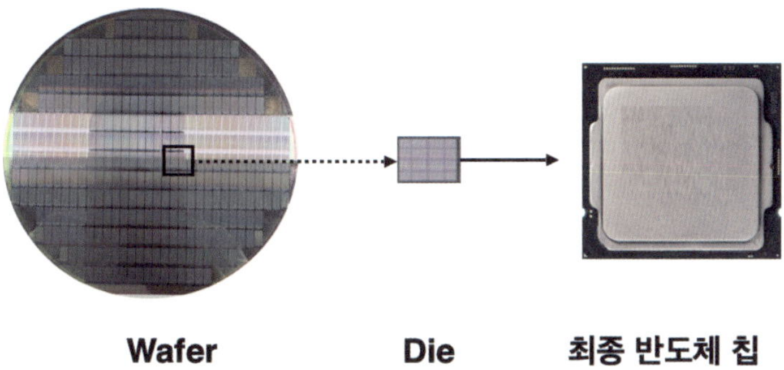

패키징 전(die)과 패키징 후의 최종 반도체 칩

4

반도체 기술 발전의 방향

4.1. 무어의 법칙, 황의 법칙

4.2. 스케일링(Scaling), 점점 더 작게

4.3. 반도체 기술의 한계 돌파

4.4. 반도체의 미래

4.

반도체 기술 발전의 방향

1930년대에 반도체가 처음 개발된 이후, 반도체 기술은 눈부신 발전을 거듭해 왔다. 기술의 발전 방향은 뚜렷하다. 반도체는 점점 더 작고, 더 빠르며, 더 적은 전력을 소비하는 방향으로 발전하고 있다. 여기에 생산 비용까지 저렴하다면 금상첨화다.

반도체 기술 역사에서 가장 중요한 전환점 중 하나는 1947년에 트랜지스터가 발명된 것이다. 트랜지스터는 기존의 진공관을 대체할 수 있는 전자 부품으로, 크기는 훨씬 작고 소비 전력도 매우 적으며 내구성까지 뛰어나다. 트랜지스터의 등장은 전자 부품의 소형화 시대를 여는 신호탄이 되었고, 이후 우리가 사용하는 전자기기의 크기와 무게를 획기적으로 줄이는 데 큰 기여를 했다.

예를 들어, 1946년에 등장한 세계 최초의 전자식 컴퓨터 '에니악(ENIAC)'은 진공관 기반으로 만들어졌으며, 길이만 약 25미터에 달했고 무게는 무려 30톤이나 나갔다. 이 거대한 컴퓨터는 방 하나를 통째로 차지할 정도였고, 소음이 크고 전력 소모도 많아 매우 비효율적인 장치였다. 하지만 트랜지스터가 개발된 이후, 같은 기능의 컴퓨터를 훨씬 더 작고 효율적으로 만들 수 있게 되었고, 오늘날에는 손바닥 위에 올려놓을 수 있을 만큼 작은 스마트폰 속에도 강력한 연산 기능을 담을 수 있게 되었다.

또 한 번의 비약적인 발전은 1959년에 있었다. 바로 '집적회로(IC, Integrated Circuit)'의 개발이다. 집적회로는 하나의 반도체 칩 안에 수많은 트랜지스터와 저항, 축전기 등 다양한 전자 부품을 미세하게 집적하는 기술로, 전자 회로 전체를 작은 칩 하나에 구현할 수 있게 해 준다. 이 기술 덕분에 전자기기의 성능은 높아지고 크기는 더 작아졌으며, 제조 비용까지 줄일 수 있게 되었다.

만약 에니악을 집적회로 기술로 다시 만든다면, 25미터짜리 컴퓨터는 1cm보다 작은 칩 하나로 대체할 수 있고, 무게도 몇 그램에 불과할 것이다. 이는 단순히 크기와 무게의 차이를 넘어, 인간의 삶과 산업 전반에 걸쳐 엄청난 변화를 이끈 혁신이라 할 수 있다. 이처럼 반도체는 인류의 기술 진보를 이끄는 핵심 동력 중 하나로 자리잡았고, 앞으로도 더욱 정밀하고 효율적인 방향으로 발전해 나갈 것이다.

4.1. 무어의 법칙, 황의 법칙

반도체 기술의 발전 속도는 오랫동안 무어의 법칙(Moore's Law)으로 설명되어 왔다. 이 법칙은 1965년, 인텔(Intel)의 공동 창업자인 고든 무어(Gordon Moore)가 한 논문에서 처음 제시한 것이다. 그는 "반도체 칩에 집적할 수 있는 트랜지스터의 수는 매년 두 배씩 증가할 것"이라고 예측했다. 다시 말해, 일정한 면적의 칩에 들어가는 트랜지스터 수가 빠르게 늘어나면서 반도체의 성능은 기하급수적으로 향상되고, 가격 대비 성능도 계속 좋아질 것이라는 전망이었다.

하지만 시간이 지나면서 반도체 소자의 미세화가 점점 어려워지자, 무어는 1975년에 이 법칙을 일부 수정해서 집적할 수 있는 트랜지스터의 수는 2년마다 두 배로 증가한다고 다시 정의했다. 그 이후로 수십 년 동안 반도체 업계는 이 무어의 법칙을 일종의 기술 목표처럼 삼아 실제로 이를 거의 지켜왔다.

사실 무어의 법칙은 자연 법칙처럼 반드시 지켜지는 물리적인 규칙이라기보다는, 산업계의 도전 과제이자 미래 기술 로드맵에 가까운 개념이다. 세계 각국의 과학자, 연구자, 반도체 엔지니어들은 이 법칙을 실현하기 위해 새로운 공정 기술과 고성능 장비, 혁신적인 소재들을 끊임없이 개발해 왔다.

이 덕분에 반도체 산업은 눈부신 성장을 이어올 수 있었다.

초창기에는 오히려 무어의 예측보다 더 빠르게 기술이 발전한 시기도 있었다. 하지만 최근 들어 반도체 기술은 점점 물리적인 한계에 가까워지고 있다. 트랜지스터의 크기는 이미 나노미터(nm) 수준까지 작아졌고, 이보다 더 작게 만들기 위해서는 상상을 초월하는 기술적 문제들을 해결해야 한다. 공정 미세화의 경제성 문제, 발열과 전력 소모의 증가, 수율 저하 같은 난제가 무어의 법칙을 더 이상 유지하기 어렵게 만들고 있다.

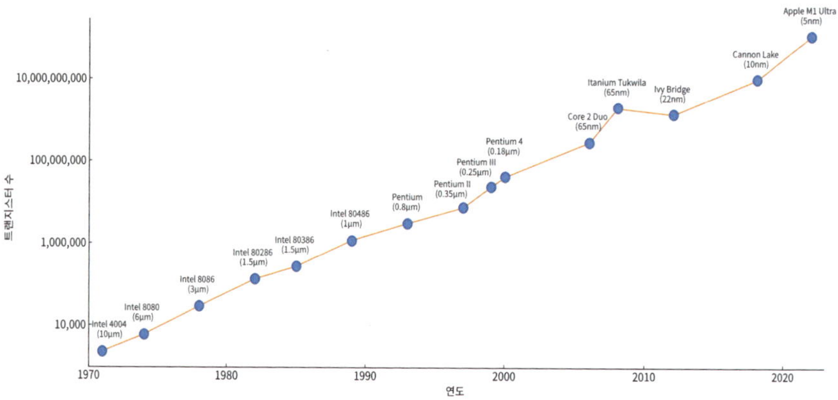

무어의 법칙에 의한 반도체 칩에 집적하는 트랜지스터 수

대한민국 반도체 산업에서는 '황의 법칙'이라는 또 다른 기술 발전 지표가 제시되었다. 이 법칙은 황창규 전 삼성전자 반도체총괄 사장이 제안한 것으로, 주로 메모리 반도체의 기술 발전 속도를 설명하는 데 사용된다. 황의 법칙은 "메모리 반도체의 저장 용량이 매년 두 배씩 증가한다"는 내용이다. 무어의 법칙과 비슷하지만 적용 대상은 DRAM이나 NAND Flash 같은 메모리 반도체다.

우리나라 대표 반도체 기업인 삼성전자와 SK하이닉스는 세계 메모리 시장을 이끌고 있으며, 황의 법칙을 실현하기 위해 고집적화, 셀 쌓기 기술(3D NAND), 신소재 도입 같은 다양한 혁신을 추진해 왔다. 메모리 반도체 분야에서 기술 경쟁력을 유지하려면 황의 법칙을 기준으로 삼아 꾸준한 기술 개발이 꼭 필요하다.

결국 무어의 법칙과 황의 법칙은 단순한 예측이 아니라 반도체 산업 전반을 이끄는 목표이자 이정표로 작용해 왔다. 수많은 연구자들과 엔지니어들이 밤낮 없이 노력해 온 덕분에 우리는 지금 스마트폰, 인공지능, 자율주행, 우주 탐사 같은 다양한 분야에서 첨단 기술의 혜택을 누릴 수 있게 되었다. 이런 노력은 결코 당연한 것이 아니다. 세계 반도체 기술을 이끌어온 수많은 사람들의 땀과 열정, 도전 정신에 깊은 감사와 존경을 보낸다. 앞으로의 반도체 기술 역시, 이들의 끊임없는 노력 속에서 새로운 한계를 뛰어넘게 될 것이다.

4.2. 스케일링(Scaling), 점점 더 작게

반도체 기술의 발전을 설명할 때 가장 자주 언급되는 개념 중 하나가 바로 무어의 법칙(Moore's Law)이다. 이 법칙에 따르면, 반도체 칩에 집적할 수 있는 트랜지스터의 개수는 약 2년마다 두 배씩 증가한다. 이런 성장을 실현하려면 트랜지스터 하나하나의 크기를 계속 줄여야 한다. 같은 면적에 두 배의 트랜지스터를 넣으려면, 각 트랜지스터가 차지하는 면적이 절반으로 줄어들어야 하기 때문이다.

여기서 중요한 점은, 면적이 절반이 되기 위해서는 각 변의 길이가 약 0.7배로 줄어들어야 한다는 사실이다. 예를 들어, 한 변의 길이를 0.7배로 줄이면 전체 면적은 0.7 × 0.7 = 0.49배, 즉 거의 절반으로 줄어든다. 이런 기하학적 관계 때문에 무어의 법칙을 유지하려면 트랜지스터의 크기를 꾸준히 0.7배씩 줄여야 했고, 실제로 반도체 기술은 그 방향으로 발전해 왔다.

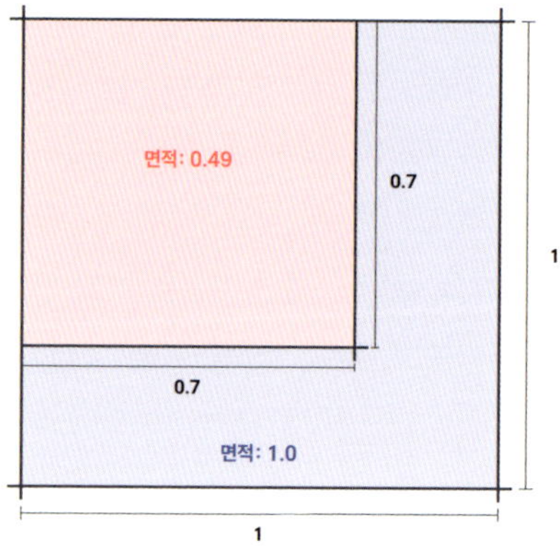

바이러스 보다도 작은 반도체

실제로 반도체 기술은 지난 수십 년 동안 놀라운 미세화 과정을 거쳐 왔다. 아래의 숫자는 시대별 트랜지스터 크기의 변화인데, 현재의 기술로는 3nm 정도로 작은 크기의 트랜지스터도 만들 수 있다. 1mm를 1/1000로 쪼개면, 1μm가 되고, 1μm를 다시 1/1000로 쪼개면, 1nm가 되니, 그 크기가 얼마나 작을지는 상상이 가지 않는다.

250nm → 180nm → 130nm → 90nm → 65nm → 45nm → 32nm → 22nm → 14nm → 10nm → 7nm → 5nm → 3nm

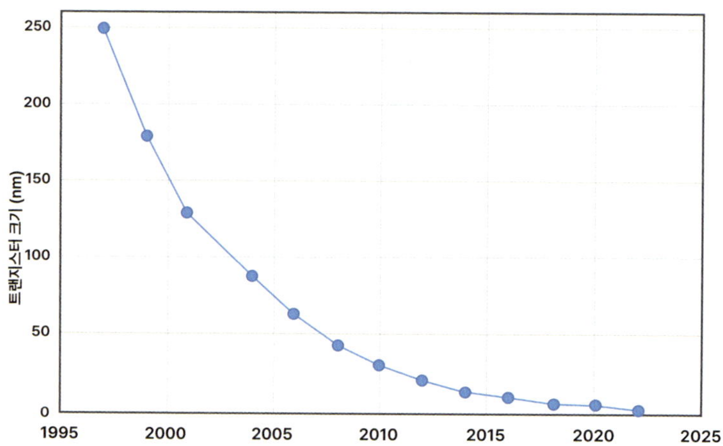

그런데, 여기서 알아야 할 것은, 트랜지스터의 '크기'를 말할 때, 트랜지스터 전체의 크기를 말하는 것은 아니고, 트랜지스터를 구성하는 구조중 게이트(gate)라고 불리는 전극의 길이만을 뜻한다. 이 게이트는 전류가 흐르는 채널의 폭을 조절하는 핵심 부위다. 아마도 전체 크기보다는 작아 보이게 하기 위해, 트랜지스터 크기를 말할 때 게이트 길이를 대표 값으로 쓰는 경향도 있을 것이다. 하지만, 그렇다고 해도 전체 크기의 트랜지스터도 10nm 이하로 매우 작은 크기이다. 사람 머리카락의 굵기가 약 100마이크로미터(μm), 즉 100,000나노미터(nm) 정도인데, 최신 반도체 트랜지스터의 크기는 고작 수 nm 수준이니, 이는 바이러스보다 수십배 이상 작고, 머리카락 단면 위에 수천 개의 트랜지스터를 올려놓을 수 있는 수준이다.

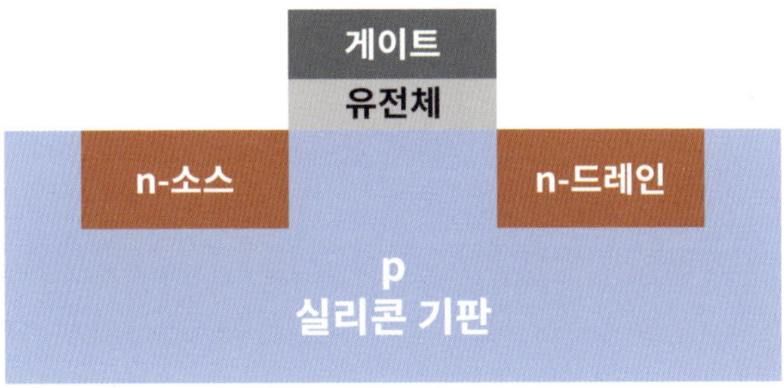

MOSFET(전계효과 트랜지스터)의 구조

오늘날 고성능 반도체 칩에는 수십억 개 이상의 트랜지스터가 1cm² 이내의 면적에 집적되어 있다. 이처럼 믿기 어려울 정도로 정교한 기술은 전자공학, 물리학, 화학, 재료공학 등 다양한 학문 분야가 힘을 합쳐 이룬 성과다. 말 그대로 과학기술의 경이로움이라 할 수 있다.

왜 반도체를 계속해서 작게 만들려고 하나?

그렇다면, 왜 반도체를 그렇게까지 작게 만들어야 할까? 요즘 사용하는 스마트폰이나 노트북은 이미 충분히 작고 가볍다. 반도체 칩 자체도 대부분 손톱보다 작은 1cm² 미만의 크기이고, 무게도 수 그램이 채 되지 않는다. 설령 반도체 칩의 크기나 무게가 두 배로 늘어난다고 해도, 제품 전체에는 거의 영향을 주지 않는다. 실제로 스마트폰의 크기나 무게는 반도체 칩보다는 배터리 용량, 디스플레이 크기, 케이스 소재 같은 요소에 더 크게 좌우된다.

그럼에도 불구하고 반도체를 계속 작게 만들려고 하는 가장 큰 이유는 제조 비용 때문이다. 이해를 돕기 위해 부동산에 비유해 보면 좀 더 쉽게 이해할 수 있다. 서울 같은 대도시의 집값이 비싼 이유는 건축비용이 비싸서라기 보다는 비싼 땅값 때문이다. 반도체도 마찬가지다. 반도체 칩은 실리콘 웨이퍼(silicon wafer)라는 둥글고 얇은 판 위에 만들어지는데, 이 웨이퍼가 바로 반도체의 '땅'에 해당한다.

그리고, 집값과 비슷하게 반도체 생산 비용에서 실리콘 웨이퍼가 차지하는 비용이 전체 생산비용의 절반 가까이 된다. 만약 트랜지스터를 더 작게 만들어서 같은 기능을 가진 반도체 칩을 절반 크기로 줄일 수 있다면, 웨이퍼 한 장에서 두 배의 칩을 뽑아낼 수 있다. 이는 곧 생산 단가를 크게 낮출 수 있다는 의미고, 실제로 전체 생산 비용을 약 25% 절감할 수 있다. 이렇게 절감된 비용은 기업의 이익으로 이어지기 때문에, 반도체 기업들은 미세공정 기술 개발에 막대한 자원을 쏟아붓고 있다.

여기에 기술이 발전하면서 사용자 요구도 점점 많아지고, 반도체가 처리해야 할 기능도 늘어나고 있다. 그만큼 칩에 집어넣어야 할 트랜지스터 수도 계속 늘어난다. 만약 트랜지스터 크기를 줄이지 않고 그냥 개수만 늘리면, 칩은 커지고 웨이퍼는 더 많이 써야 하고, 제조비용은 크게 올라간다. 그래서 트랜지스터를 작게 만들어야만 늘어난 트랜지스터를 동일한 면적에 집적할 수 있고, 생산 비용도 억제할 수 있다.

또 한 가지 중요한 점은 전력 소비다. 트랜지스터 크기를 0.7배로 줄이면, 트랜지스터 하나가 사용하는 전력도 절반 가까이 줄어든다. 이는 배터리 수명이 중요한 스마트폰 같은 모바일 기기나, 전력 효율이 중요한 데이터 센터 운영에서 큰 장점이 된다.

이런 이유들 때문에 반도체 업계는 지금도 트랜지스터를 더 작고 효율적으로 만드는 경쟁을 계속하고 있다. 단순히 작게 만드는 것이 목적이 아니라, 작게 만들수록 성능, 비용, 에너지 모든 면에서 이득이 되기 때문이다. 무어의 법칙을 가능하게 해 온 이 놀라운 기술 여정은 앞으로도 계속될 것이다.

4.3. 반도체 기술의 한계 돌파

고성능, 고용량의 반도체 칩을 만들기 위해서는 더 많은 수의 트랜지스터가 필요하다. 하지만 트랜지스터를 배치할 기판, 즉 '땅' 역할을 하는 실리콘 웨이퍼의 면적은 한정되어 있다. 그래서 제한된 웨이퍼 위에 더 많은 트랜지스터를 집어넣으려면, 트랜지스터 자체를 더 작게 만드는 기술이 꼭 필요하다. 이걸 스케일링(scaling)이라고 한다.

이건 마치 좁은 땅에 점점 더 많은 사람들이 살아야 할 때, 주택을 작게 지을 수밖에 없는 상황과 비슷하다. 같은 면적에 더 많은 집을 짓기 위해서는 집 크기를 줄여야 하듯이, 반도체에서도 트랜지스터의 크기를 줄여서 더 많은 수를 한 칩 안에 담기 위한 기술 개발이 수십 년 동안 꾸준히 이어져 왔다.

Scaling(미세화) 기술의 한계

하지만 크기를 줄이는 데도 결국 한계는 있다. 예를 들어, 4인 가족이 40평 아파트에서 살다가 30평, 25평으로 줄어들면 조금 불편하긴 해도 여전히 생활은 가능하다. 그런데 만약 5평짜리 공간에 살아야 한다면, 물리적으로 들어갈 수는 있겠지만 실제 생활은 매우 불편하고 비효율적일 수밖에 없다.

반도체에서도 이와 비슷한 일이 생긴다. 트랜지스터의 크기를 계속 줄이다 보면 어느 순간부터 성능이 오히려 떨어지기 시작한다. 대표적인 문제가 바로 단채널 효과(short channel effect)다. 이 현상은 트랜지스터 안에서 전류가 지나가는 채널이 너무 짧아져서, 원래 설계대로 동작하지 않거나 누설 전류가 증가하는 등의 문제가 발생하는 것이다.

물론, 이런 문제를 해결하기 위한 기술적 보완도 함께 발전해 왔다. 마치 같은 면적의 집이라도 설계와 구조를 잘 짜면 공간을 더 효율적으로 쓸 수 있는 것처럼, 트랜지스터를 효율적으로 잘 설계하면 일정 수준까지는 단채널 효과를 억제할 수 있었다. 하지만, 이 역시 한계는 있었다.

이 한계를 넘기 위한 기술적 돌파는, 트랜지스터의 구조를 새롭게 바꾸는 방향으로 이루어 졌다. 기존 트랜지스터의 평면(planar) 2D 채널 구조에서는 한계가 뚜렷했기 때문에, 지느러미(fin) 모양의 입체적인 3D 구조의 트랜지스터인 FinFET(Fin Field-Effect Transistor)이 개발되었다.

FinFET은 기존의 평평한 트랜지스터와 달리, 채널이 입체적으로 솟아 있어 게이트 전극이 세 방향에서 채널을 감싸면서 전류를 더 정밀하게 제어할 수 있다. 이 덕분에 단채널 효과를 크게 줄일 수 있었고, 이는 반도체 기술의 중요한 전환점이 되었다. 인텔은 22nm 공정부터 FinFET을 도입했고, 삼성전자는 14nm 공정에서 이를 상용화했다.

하지만 FinFET도 완벽한 해결책은 아니었다. 기술이 더 발전하면서 채널 길이가 5nm, 3nm 수준까지 줄어들자, FinFET으로도 단채널 효과를 완전히 억제하기 어려워졌다. 이때 등장한 새로운 구조가 바로 GAAFET(Gate-All-Around Field-Effect Transistor)이다.

GAAFET은 이름 그대로 게이트가 채널을 사방에서 완전히 감싸는 구조로, 전류 제어 능력이 FinFET 보다 뛰어나다. 누설 전류도 줄이고, 성능과 전력 효율 모두에서 유리한 구조이다. 삼성전자는 3nm 공정부터, TSMC는 2nm 공정부터 GAAFET을 적용한다고 발표했다.

참고로, 2nm는 원자 수십 개가 겨우 나란히 놓일 수 있는 수준으로, 사람이 만든 구조물 중 가장 작은 크기 중 하나다. 이렇게까지 작아진 반도체는 그 자체로 기술의 정점이라 할 수 있다.

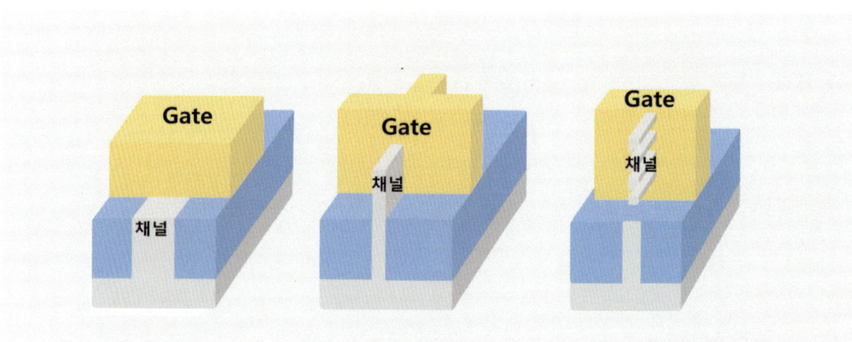

2D 평판 MOSFET(왼쪽), 3D FinFET(가운데), 3D GAAFET(오른쪽)

물리적, 기술적 한계에 직면한 반도체 기술

이처럼 사람이 원자 단위로 회로를 만들고, 그것이 실제로 동작하게 한다는 것은 상상을 초월하는 기술이다. 이런 점에서 반도체는 현대 과학기술의 정점이라 해도 과언이 아니다.

하지만 결국, 무한정 작게 만드는 데에는 분명한 한계가 있다. 예를 들어, 크기를 100nm에서 50nm로 줄이는 것과 2nm에서 1nm로 줄이는 것은 기술적인 난이도나 비용 면에서 완전히 다른 차원의 문제다. 트랜지스터를 나노 단위로 줄이는 미세화 기술은 그만큼 제조 공정을 훨씬 더 복잡하게 만들고, 초정밀 장비와 고도의 숙련된 기술력을 필요로 한다.

이 때문에 반도체 제조사들은 수조 원에 달하는 막대한 설비 투자를 감수해야 하며, 미세화가 진행될수록 경제성과 수율(양품 비율) 사이의 균형을 맞추는 일이 점점 더 어려워지고 있다.

또 하나의 문제는 발열이다. 반도체가 작아질수록, 좁은 공간에 더 많은 전류가 흐르게 되는데, 이로 인해 열이 많이 발생하고, 이를 효과적으로 방출하기가 어려워진다. 열이 잘 빠져나가지 않으면 반도체의 신뢰성이 낮아지고, 장기적으로는 제품의 수명과 성능에도 부정적인 영향을 줄 수 있다.

반도체의 기술적 한계 돌파 전략: 위로 아래로

이처럼 물리적인 면적의 한계를 극복하기 위해 등장한 또 다른 해결책이 바로 공간을 입체적으로 활용하는 기술이다. 마치 도시에서 고층 건물을 세워 더 많은 사람을 수용하거나, 지하 공간을 개발하듯이, 반도체도 한정된 공간을 보다 효율적으로 사용하는 다양한 방법이 개발되어 왔다.

첫 번째 방법은 지하로 파고드는 방식이다. 이 개념은 V-NAND(Vertical NAND)라는 기술로 실현되었고, 이미 NAND 플래시 메모리 분야에서는 이 V-NAND 구조의 상용화가 이루어졌다.

삼성전자는 2013년 24단 V-NAND를 처음 선보였고, 이후 빠르게 발전해 2019년에는 128단, 2022년에는 236단을 넘어섰다. 이제는 300단 이상까지 도전하고 있다.

이 기술의 핵심은 웨이퍼의 수평 면적은 그대로 두고, 세로 방향(수직 방향)으로 셀을 쌓아올려 저장 용량을 획기적으로 늘리는 데 있다. 말 그대로 반도체의 '고층화'를 통해, 더 작은 면적에 더 많은 데이터를 저장할 수 있는 방법을 구현한 것이다.

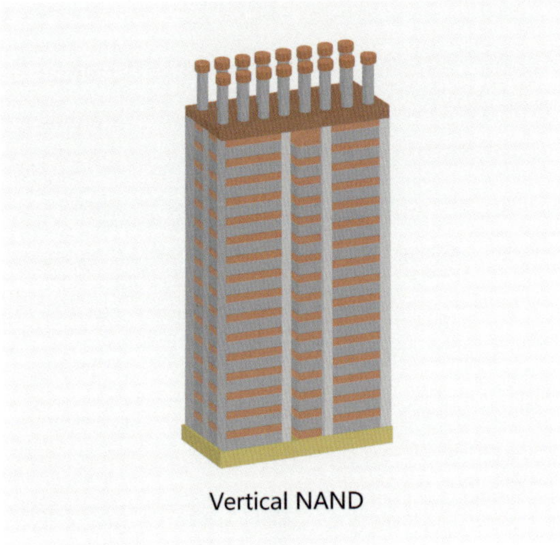

3D V-NAND 구조

두 번째는 3D 적층(3D stacking) 방식이다. 이 기술은 여러 개의 반도체 칩(다이, die)을 층층이 쌓아 하나의 패키지로 구성하는 방식으로, 후공정에서 이루어지는 고도화된 패키징 기술이다. 이렇게 쌓아 올리면 칩들 간의 거리를 줄일 수 있어 데이터 전송 속도를 높일 수 있고, 칩 면적 대비 성능도 크게 향상시킬 수 있다.

3D 적층 기술은 전공정에서 더 이상 트랜지스터를 작게 만들기 어려운 한계를, 후공정 기술로 보완하는 전략이라고 볼 수 있다. 특히, 상대적으로 적은 투자로도 성능 향상을 기대할 수 있다는 점에서 큰 주목을 받고 있다.

예전에는 패키징 분야가 기술 난이도가 낮고 중소기업 중심의 산업으로 여겨졌지만, 이제는 완전히 달라졌다. 삼성, 인텔, TSMC 같은 글로벌 반도체 기업들이 첨단 패키징 기술에 대규모 투자를 집행하고 있으며, 단순히 하나의 고성능 칩을 만드는 것보다, 여러 칩을 효율적으로 연결하고 통합하는 방식으로 전체 시스템의 성능을 높이는 쪽으로 산업이 진화하고 있다.

이처럼 반도체 기술은 '작게 만드는 기술'에서 출발해, 이제는 '효율적으로 쌓고 배치하는 기술'로 확장되고 있다. 이는 단순한 기술 진보를 넘어서, 산업 전반의 전략 변화이자, 공간과 에너지, 비용의 제약 속에서 최적의 해답을 찾아가는 인류의 집요한 노력이라 할 수 있다.

앞으로도 반도체는 지금까지와는 전혀 다른 방식으로 계속 발전해 나갈 것이다. 작게 만드는 것도 중요하지만, 똑똑하게 쌓는 것 역시 미래를 여는 중요한 퍼즐 조각이다.

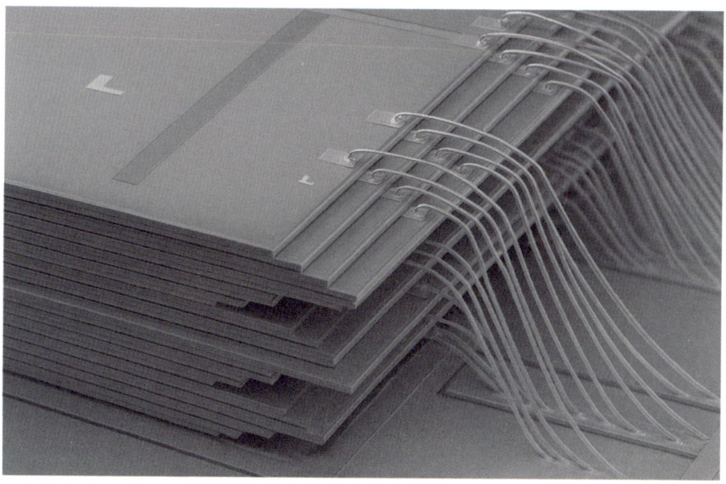

반도체 die를 여러층 적층한 3D 적층 기술

4.4. 반도체의 미래

반도체의 미래를 정확히 예측하는 일은 결코 쉽지 않다. 하지만 지금까지의 기술 개발 흐름과 현재 기술 수준을 보면, 앞으로의 방향을 어느 정도 가늠해 볼 수는 있다.

산업에는 보통 일정한 수명주기가 존재한다. 보통 ▲태동기(초기 개발 단계)

▲성장기(급속한 발전과 확산) ▲조정기(성장 속도의 둔화) ▲성숙기(시장 안정과 고도화) ▲쇠퇴기(기술 정체와 대체 기술 등장)로 나눌 수 있다. 이런 관점에서 보면, 현재의 반도체 기술은 성숙기의 정점에 거의 도달해 있는 상태라고 볼 수 있다. 실제로 기술의 발전 속도는 과거에 비해 확실히 둔화되고 있으며, 앞으로는 점점 더 더딘 진보가 이어질 가능성이 크다.

이미 반도체 소자의 크기는 원자 단위에 가까워지고 있다. 삼성전자나 TSMC 같은 글로벌 기업들이 3nm, 2nm 공정의 상용화를 위해 경쟁하고 있지만, 실제 양산까지는 시간이 걸리고 있고, 여러 기술적 난관 때문에 일정이 자주 지연되고 있다. 설령 2nm 공정이 상용화된다고 해도, 그다음 단계인 1nm 이하 공정은 물리적으로 매우 어려울 가능성이 크다. 이런 식으로 미세화의 한계에 다다르게 되면, 더 이상 크기만 줄여서는 의미 있는 성능 향상을 기대하기 어려워진다.

소재 측면에서도 상황은 비슷하다. 현재까지 사용 가능한 대부분의 재료들은 이미 충분히 연구되고 평가되어 왔으며, 이제는 소재 자체만으로는 획기적인 성능 개선을 기대하기 힘들다. 결국 단일 칩의 성능을 높이기 위한 기술 개발은 정체기에 들어설 가능성이 높고, 반도체 산업의 성장곡선 또한 점점 한계에 다가가고 있다고 볼 수 있다.

이러한 점들을 종합하면, 반도체 기술 자체는 산업 수명주기의 쇠퇴기에 접어들 가능성도 있다. 하지만 중요한 건, 기술 발전이 둔화된다고 해서 산업 전체가 소멸하는 것은 아니라는 점이다.

오히려 반도체는 이제 첨단 기술을 넘어, 우리 생활 속에 깊이 자리 잡은 생활 필수재로 인식되고 있다. 전기나 석유처럼, 우리는 반도체를 매일 사용하면서도 그것의 존재를 특별히 의식하지 않을 정도다.

불과 20년 전만 해도 노트북, 디지털카메라, MP3 플레이어, PDA 같은 전자기기들은 일부 사람들만 쓰는 특수한 장비로 여겨졌다. 하지만 지금은 어떤가? 스마트폰은 더 이상 '전자기기'가 아니라 '생활 필수품'이 되었다. 누구나 한 대씩 가지고 있고, 하루에도 수십 번씩 사용하는 존재가 되었다. 우리가 쓰는 가전제품, 자동차, 의료기기, 심지어 신용카드와 교통카드에 이르기까지, 반도체는 보이지 않는 곳에서 끊임없이 동작하고 있다.

따라서 반도체 기술의 발전 속도가 느려지고, 미세화나 소재 측면의 혁신이 한계에 다다르더라도, 반도체 산업 자체는 쉽게 쇠퇴하지 않을 것이다. 전기나 석유화학처럼, 일상생활과 산업 전반을 지탱하는 기반 산업으로서 지속적인 수요와 공급이 이어질 것이고, 앞으로는 기술 그 자체보다는 응용과 활용의 변화가 중심이 될 가능성이 크다.

조금 더 나아가 보면, 앞으로의 IT나 전자 산업의 기술 혁신은 반도체 자체의 성능 향상보다는, 그것을 어떻게 활용하느냐에 달려 있을지도 모른다. 즉, 하드웨어의 한계를 뛰어넘는 새로운 소프트웨어, 알고리즘, 서비스가 핵심이 될 것이다.

대표적인 예가 바로 인공지능(AI) 분야다. 최근 인공지능에 대한 관심이 급격히 높아지면서, 이에 특화된 AI 전용 반도체(예: NPU, GPU, TPU 등)도 활발히 개발되고 있다. 하지만 진정한 기술 발전은 단순한 하드웨어의 성능에서 오는 것이 아니라, 그것을 어떻게 활용하느냐에 달려 있다.

2022년 세상을 놀라게 한 ChatGPT도 같은 사례다. 이 서비스는 새로운 반도체가 등장해서 가능해진 것이 아니다. 기존 하드웨어 위에서 탁월한 딥러닝 알고리즘과 엄청난 양의 데이터 학습을 바탕으로 만들어진 소프트웨어다. 다시 말해, 이전보다 뛰어난 알고리즘과 응용 기술의 승리라고 할 수 있다.

앞으로의 기술 발전 방향도 크게 다르지 않을 것이다. 전례 없는 소자 구조나 획기적인 공정 기술보다는, 이미 상용화된 반도체를 얼마나 효율적으로 활용하고, 창의적인 방식으로 가치를 만들어 내느냐가 핵심이 될 것이다.

결국, 반도체 기술은 고도화의 끝자락에서 일시적으로 멈출 수는 있겠지만, 반도체 산업은 '활용'이라는 새로운 차원에서 계속해서 진화하고 확장될 것이다. 기술 정체는 끝이 아니라, 다음 도약을 위한 준비 단계일 수 있다. 그리고 그 도약은 새로운 칩이 아니라, 새로운 아이디어와 활용법에서 나올 가능성이 더 크다.

5

미국, 일본, 중국, 대만, 한국의 반도체 전략 및 미래

5.
미국, 일본, 중국, 대만, 한국의 반도체 전략 및 미래

5.1. 총성 없는 반도체 전쟁

반도체 전쟁은 '총성 없는 전쟁'이라 불릴 만큼, 전 세계 주요 국가들 사이에서 기술, 경제, 정치적 관점에서 매우 치열하게 전개되고 있다. 특히 미·중 간의 반도체를 둘러싼 갈등이 격화되는 가운데, 한국은 중국, 대만, 일본의 거센 추격을 받고 있다.

미국은 자국의 반도체 산업을 보호하고 경쟁력을 강화하기 위해 CHIPS 법(CHIPS Act) 을 제정했다. 동시에 해외에 위치한 자국 기업들의 생산시설을 미국으로 다시 유치하려는 리쇼어링 정책도 적극 추진 중이다. 이는 단순한 경제적 전략을 넘어 국가 안보 차원의 필수 조치로 받아들여지고 있다.

현재 미국의 반도체 생산 시설은 상당 부분이 중화권에 집중돼 있다. 만약 미·중 간에 군사적 충돌이 발생할 경우, 이 시설들은 사실상 미국의 '인질'이 될 수 있다는 우려가 있다. 이러한 배경에서 미국은 경제적 자립뿐 아니라, 군사 및 안보 측면에서도 반도체 산업의 주도권 확보를 국가 전략으로 삼고 있는 것이다.

중국 또한 반도체 산업의 자립을 국가 핵심 과제로 삼고 있으며, '중국제조 2025' 전략의 일환으로 2025년까지 반도체 자급률 70% 달성을 목표로 막대한 투자를 이어가고 있다.

반도체는 현대 산업 전반에 필수적인 핵심 기술이다. 군사, 통신, 자동차,

인공지능, 소비자 전자제품 등 거의 모든 첨단 분야에서 반도체는 없어서는 안 될 기반 기술로 작용한다. 따라서 반도체 기술력과 생산 능력을 확보하기 위한 국가 간 경쟁은 단순한 상업적 이익을 넘어, 국가 안보, 경제 성장, 그리고 글로벌 영향력 확보에 직결되는 중대한 문제로 부상하고 있다.

5.2. 미국: 기술 초격차와 안보 중심의 전략

미국은 반도체 설계와 연구개발 분야에서 세계적으로 선도적인 위치를 차지하고 있다. 인텔(Intel), 퀄컴(Qualcomm), 엔비디아(NVIDIA), AMD 같은 대표 기업들이 글로벌 시장을 주도하고 있으며, 이러한 기술력을 바탕으로 미국은 반도체 산업의 중심 국가로 자리매김하고 있다. 미국의 반도체 전략은 단순한 산업 경쟁력 강화에 그치지 않고, 국가 안보, 경제 안정, 기술 패권 확보를 종합적으로 아우르는 전략적 접근을 취하고 있다.

CHIPS Act: 국가적 반도체 육성 법안

미국의 반도체 전략의 핵심에는 CHIPS and Science Act, 즉 일명 CHIPS 법안이 있다. 이 법안은 2022년에 제정되어 미국 내 반도체 제조와 연구개발을 확대하기 위한 재정적·제도적 기반을 마련했다. 정부는 수십억 달러 규모의 연방 자금을 투입하여 새로운 반도체 공장 설립, 기존 생산시설의 현대화, 첨단 기술에 대한 연구개발을 적극 지원하고 있다. 또한, CHIPS 법안은 국가 반도체기술센터(NSTC) 등의 설립을 통해 반도체 기술 혁신을 가속화하고 있으며, 장기적으로 미국 내 반도체 기술 인재를 체계적으로 양성하기 위한 교육 및 훈련 프로그램도 병행하고 있다. 이처럼 CHIPS 법안은 미국의 기술 리더십을 강화하고, 대외 의존도를 줄여 공급망 안정성과 국가 안보를 확보하는 데 중요한 역할을 하고 있다.

국제 협력 및 규제 전략

미국은 국제협력과 기술 규제를 병행함으로써 자국 반도체 산업의 전략적 우위를 강화하고 있다. 먼저, 대만의 TSMC, 한국의 삼성전자 등 주요 동맹국 기업들과 협력하여 미국 내에 반도체 제조시설을 유치하고 있으며, 이를 통해 공급망의 다변화와 안정화를 꾀하고 있다. 미국은 일본, 한국, 대만과 함께 '칩4 동맹'을 주도하며, 동맹국들과 기술 공유와 협력을 확대하는 한편, 반도체 산업의 지정학적 리스크를 줄이고 있다.

동시에 미국은 첨단 반도체 기술의 해외 유출을 막기 위해 수출 통제와 외국인 투자 심사를 강화하고 있다. 특히 중국에 대한 수출 규제를 통해, 미국의 반도체 기술이 군사적으로 악용되거나 기술 패권 경쟁에서 활용되는 것을 사전에 차단하려 한다. 또한, 외국 자본의 미국 반도체 기업 인수·합병을 제한하기 위해 외국인투자심의위원회(CFIUS)의 심사도 강화하고 있다. 이와 같은 규제는 기술 보호뿐 아니라 국가 안보 차원에서도 중요한 전략으로 간주된다.

초격차 기술 전략

미국은 단기적인 생산능력 확대뿐 아니라, 장기적으로 초격차 기술을 확보하기 위한 전략에도 집중하고 있다. 인공지능, 양자 컴퓨팅, 고성능 컴퓨팅, 5G 및 차세대 네트워킹 기술 등 미래 산업의 핵심이 될 반도체 기술 개발에 민간 기업, 대학, 연구소가 유기적으로 협력하고 있다. 특히, CHIPS 법안의 재정 지원을 통해 첨단 반도체 공정 및 소재 기술에 대한 연구개발이 본격화되고 있으며, 이를 기반으로 기술 격차를 더욱 벌려 글로벌 리더십을 유지하려 하고 있다.

이러한 기술 전략은 미국의 경제적 이익 증대는 물론, 군사·안보적 차원에서도 큰 의미를 가진다. 미국은 반도체가 첨단 무기체계, 우주항공, 사이버전 등에 필수적인 기술이라는 점을 인식하고 있으며, 국내 생산 역량을 강화하고 해외 의존도를 줄이는 것이 곧 국가 안보와 직결된다는 인식 아래 정책을 추진 중이다. 이와 함께, 미국은 반도체 관련 국제 기술 표준의 설정 주도권을 확보함으로써, 자국 기업이 글로벌 시장에서 기술 호환성과 우위를 지속적으로 유지할 수 있도록 지원하고 있다.

미국의 반도체 전략은 국가 산업을 넘어선 기술 패권 경쟁의 중심 전략이라고 할 수 있다. CHIPS 법안을 중심으로 한 생산·연구개발·인재 양성 투자는 기술 우위 유지에 기여하고 있으며, 동맹국과의 협력과 수출 규제, 기술 통제를 통해 공급망과 안보를 동시에 확보하려는 다층적이고 정교한 접근을 보여주고 있다. 이러한 전략은 미국이 반도체 기술에서의 글로벌 리더십을 지속 유지하고, 중국 등 경쟁국과의 기술 격차를 더욱 확대하기 위한 중요한 수단이다.

5.3. 일본: 과거의 영광 부활

1970~80년대: 일본 반도체 산업의 전성기

1970년대 들어 도시바(Toshiba), NEC, 후지쓰(Fujitsu), 히타치(Hitachi) 등 주요 일본 기업들이 본격적으로 반도체 산업에 진출했다. 이들은 고품질, 높은 수율, 저렴한 가격을 강점으로 세계 시장에서 빠르게 점유율을 확대해 나갔다. 특히 DRAM을 비롯한 메모리 반도체 분야에서 일본 기업들의 성장은 눈부셨다.

1980년대 중반에는 일본 기업들이 글로벌 메모리 반도체 시장의 약 80%를 점유하며, 미국을 압도하는 수준에 도달했다. 이 시기는 일본 반도체 산업의 황금기로, 기술 혁신도 활발했다. 1980년 도시바는 세계 최초로 NOR 플래시 메모리를 개발했고, 1986년에는 NAND 플래시 메모리를 선보이며 비휘발성 메모리 기술의 기반을 마련했다. 이 기술은 이후 USB, SSD, 스마트폰 등 다양한 디지털 기기의 핵심이 된다. 당시 세계 최초로 DRAM을 개발한 미국의 인텔조차 일본과의 경쟁에서 밀리며, 1985년 메모리 반도체 사업 철수를 선언했다. 이 사건은 미국 내에 큰 충격을 주었고, 정치적·경제적 대응으로 이어지게 된다.

1980~90년대: 미·일 반도체 무역 갈등과 일본의 쇠퇴

1980년대 중반, 레이건 미국 대통령은 일본의 가격 덤핑과 정부 보조 정책이 미국 반도체 산업의 경쟁력을 훼손한다고 강하게 비판했다. 미국 언론은 이를 "제2의 진주만 공습"에 비유하며 국민 여론을 자극했고, 미국 정부는 본격적인 무역 대응에 착수했다. 1985년, 미국 반도체산업협회(SIA)는 일본 정부의 산업 정책이 불공정하다며 미 무역대표부(USTR) 에 제소했고, 같은 해 마이크론(Micron) 은 일본의 NEC, 히타치, 미쓰비시, 도시바 등을 반덤핑 혐의로 고소했다. 미국 정부는 G5 회담(플라자 합의) 을 통해 일본 엔화의 가치를 인위적으로 상승시켜 일본의 수출 경쟁력을 약화시키려 했다.

1986년, 미국과 일본은 미·일 반도체협정(1차) 을 체결했다. 협정은 일본 기업이 생산원가를 투명하게 공개하고, 일본 내 미국 반도체 제품의 시장 점유율을 최소 20%까지 확대한다는 내용을 담고 있었다. 그러나 일본의 이행 미흡으로 1987년 미국은 보복 관세를 부과했고, 이후 1991년과 1996년까지 이어지는 2차 협정이 체결되며 일본 반도체 산업은 점차 약화되기 시작했다.

결과적으로, 지속적인 무역 압박, 환율 정책, 그리고 한국·대만 등 신흥국의 부상으로 인해 일본은 반도체 주도권을 점점 상실하게 된다. 1990년 기준으로 세계 10대 반도체 기업 중 6곳이 일본 기업이었지만, 2000년에는 3개로 줄었고, 2020년에는 단 한 곳도 포함되지 못했다.

일본의 재도약 전략: 공급망과 기술 중심의 반격

최근 일본 정부와 산업계는 반도체 산업의 재건을 선언하며, 과거의 영광을 되찾기 위한 본격적인 전략에 돌입했다. 일본은 반도체를 단순한 산업 육성을 넘어서 국가 전략산업으로 격상시키고 있으며, 다음과 같은 두 가지 축을 중심으로 정책을 전개하고 있다.

Ⅰ. 공급망 강화 및 국제 협력 확대

• Rapidus(라피더스): 일본 정부가 주도하고 도요타, 소니 등 주요 기업이

출자하여 설립한 차세대 반도체 파운드리 기업. IBM, IMEC 등과 협력하여 2nm 이하 첨단 공정 내재화를 목표로 하고 있다.

- 해외 기업 유치: TSMC, 삼성전자, 마이크론 등 글로벌 반도체 기업들의 일본 내 공장 설립을 유도하며, 글로벌 반도체 공급망 허브로서의 입지를 강화하고 있다.
- 정부 보조금: 수십 조 원 규모의 보조금과 세제 혜택을 통해 국내외 기업들의 투자 유인에 나서고 있다.

Ⅱ. 기술 혁신 및 인재 양성

- 일본은 여전히 반도체 장비(도쿄일렉트론), 소재(신에츠화학, 스미토모화학 등) 분야에서 세계적인 경쟁력을 보유하고 있다.
- 이러한 강점을 기반으로, 장비-소재-설계-제조에 이르는 수직계열화 구조를 다시 구축하려는 노력이 이루어지고 있다.
- 동시에, 차세대 공정 기술, AI 반도체, 양자컴퓨팅 소자 등 미래 기술 분야에 대한 연구개발 투자 및 고급 인재 육성을 적극 추진하고 있다.

일본 반도체 산업은 한때 전 세계를 호령했지만, 외부 압력과 내부 대응 부족으로 인해 1990년대 후반부터 존재감을 잃기 시작했다. 그러나 최근 일본은 정부 주도의 정책적 지원과 민간 기업의 전략적 연합을 통해, 다시금 글로벌 반도체 산업의 주요 축으로 부상하려 하고 있다. 공급망 재편, 기술 혁신, 국제 협력을 중심으로 한 일본의 전략은 단순한 과거 회복을 넘어, 새로운 반도체 기술 질서의 재편 과정에서 주도권을 다시 확보하려는 야심 찬 도전으로 평가된다.

5.4. 중국: 세계 최대의 반도체 소비국에서 생산국으로, 가성비

중국은 현재 세계 최대의 반도체 소비 시장이다. 전 세계에서 생산되는 반도체의 약 절반 가까이가 중국에서 소비되고 있으며, 이는 스마트폰, 컴퓨터, 가전제품, 자동차, 통신장비 등 다양한 전자제품의 거대한 내수 시장과 제조업 기반에 기인한다. 반도체는 석유를 제치고 중국의 최대 수입 품목으로 등극했으며, 이는 중국의 경제 구조가 단순한 조립·가공을 넘어 첨단 산업으로 진화하고 있다는 것을 보여준다.

문화대혁명의 그늘과 산업의 재시동

한때 중국의 반도체 산업은 문화대혁명(1966~1976)의 여파로 기술 개발과 연구 역량이 크게 침체되었다. 체계적인 기술 축적이 단절되었고, 산업 기반 역시 약화된 상태였다. 그러나 2000년대에 들어서면서 중국 경제가 비약적으로 성장하게 되면서, 반도체 산업도 다시 본격적으로 기지개를 켜기 시작했다.

중국 정부는 외국인 직접투자를 적극적으로 유치하였고, 미국, 대만, 유럽 등지에서 반도체 기술 전문가들을 대거 영입하였다. 이를 통해 첨단 기술을 확보하고, 산업의 전반적인 수준을 끌어올리는 데 주력했다.

반도체 굴기: 야심 찬 선언과 현실의 장벽

2015년, 중국 정부는 '반도체 굴기(中國半導體崛起)'를 공식 선언하며, '중국 제조 2025' 전략의 핵심 분야로 반도체를 선정했다. 이 전략의 핵심 목표는 2025년까지 반도체 자급률을 70% 수준으로 끌어올리는 것이었다. 이를 위해 국가 반도체 펀드를 조성하고, 수천 개의 반도체 기업을 직접 혹은 간접적으로 지원했다. 하지만 이러한 야심찬 목표는 곧 미국의 견제와 제재에 직면하게 된다. 특히 트럼프 행정부는 중국 반도체 산업에 대한 기술 봉쇄 정책을 강화하고 있다.

파운드리: 제재의 직격탄을 맞다

중국 반도체 산업에서 미국의 제재로 가장 큰 타격을 받은 분야는 파운드리(반도체 위탁생산) 부문이다. 2020년부터 미국은 첨단 반도체 제조장비 및 EDA(electronic design automation, 반도체 칩 설계 및 검증 소프트웨어) 소프트웨어의 대중 수출을 제한하기 시작했으며, 특히 EUV(Extreme UV, 극자외선) 노광장비 등 차세대 반도체 제조의 핵심 장비 도입이 사실상 불가능해졌다. 이는 중국 기업들이 7nm 이하의 첨단 공정을 구현하는 데 심각한 제약으로 작용하고 있다. 대표적인 중국 파운드리 기업인 SMIC(Semiconductor Manufacturing International Corporation) 는 14nm 이하 공정의 양산 기술 개발에 나섰지만, 미국의 장비 수출 제한으로 인해 7nm 이하의 첨단공정에서는 TSMC나 삼성전자와 같은 경쟁사와의 기술 격차를 좁히기 어려운 상황이다. 이에 따라 중국은 첨단공정 개발을 잠시 뒤로 미루고, 28nm 이상의 레거시(legacy) 공정에 집중하며 산업용, 자동차용, 가전용 반도체 생산에 역량을 집중하고 있다. 현재 중국의 주요 파운드리 기업으로는 SMIC, 화홍반도체(Hua Hong), 넥스칩(Nexchip) 등이 있으며, 이들은 대체로 중저가 제품과 대량 생산 기반의 수익 모델을 유지하고 있다.

팹리스: 성장의 가능성이 엿보이는 영역

반면, 팹리스(fabless, 설계 전문) 분야는 미국의 직접적인 제재로부터 상대적으로 자유로웠다. EDA 툴이나 IP(intellectual property) 사용에 일부 제약이 있긴 하지만, 팹리스는 고난도의 제조 장비 없이도 비교적 진입이 용이한 영역이기 때문에 중국 내에서 폭발적으로 성장하고 있다. 2023년 기준으로 중국의 팹리스 기업 수는 3,451개로, 이는 한국의 20배를 넘는 수준이다. 이 가운데 시가총액 10억 위안(약 2조 원)을 넘는 팹리스 기업도 7곳 이상에 달하며, 일부는 글로벌 시장에서도 점차 존재감을 드러내고 있다.

그러나 이들 중 실제로 첨단 공정을 설계하고 양산 가능한 수준에 도달한 기업은 소수에 불과하다. 대부분의 팹리스 기업은 여전히 중저가 제품, 범용 IC, 아날로그 반도체 등에 집중하고 있으며, 첨단 CPU, GPU, AI 칩 분야에서는 기술력과 IP 의존도, EDA 툴 문제 등이 여전히 장애물로 작용하고 있다.

중국 반도체 산업은 현재 '기술 독립'과 '글로벌 고립' 사이의 줄타기를 하고 있다. 미국과의 기술 충돌 속에서 첨단 기술 확보에는 어려움을 겪고 있지만, 막대한 내수 시장과 정부의 전폭적인 지원은 중국 반도체 산업의 성장 가능성을 여전히 높게 평가받게 한다. 중국은 세계 최대의 반도체 수요국이자, 기술 자립을 향한 가장 강력한 야망을 가진 나라이다. 미국과의 기술 경쟁 속에서 당장은 제약을 받고 있지만, 중국 정부의 집요한 추진력과 내수 시장, 방대한 인력풀은 장기적으로 상당한 잠재력을 보여준다. 중국 반도체 산업은 이제 단순한 생산기지나 조립 산업이 아니라, 세계 기술 질서 재편의 변수로 주목받고 있다. 향후 중국이 기술 독립을 실현하느냐, 아니면 글로벌 반도체 분업체계에 계속 종속되느냐는 국제정치와 기술 패권 경쟁의 핵심 이슈가 될 것이다.

5.5. 대만: 파운드리 제국의 탄생과 확장

대만의 반도체 산업을 이야기할 때, 파운드리(반도체 위탁생산) 분야를 빼놓을 수 없다. 대만은 세계에서 가장 강력한 파운드리 산업을 보유하고 있으며, 이는 단순한 산업 성공 사례를 넘어 세계 반도체 공급망의 핵심축으로 자리매김하고 있다.

정부 주도의 산업 기반 형성

대만의 반도체 산업은 1970년대 초반, 정부 주도의 전략적 육성 계획에 따라 시작되었다. 1973년, 대만 정부는 산업 고도화를 위해 공업기술연구원(ITRI: Industrial Technology Research Institute) 을 설립하였다. 이 기관은 반도체 산업의 성장 가능성에 주목하며, 국가 차원의 장기 전략을 수립하고, 기술 인프라 및 인력 양성에 중추적인 역할을 하게 된다.

1980년에는 공업기술연구원이 중심이 되어 대만 최초의 반도체 기업인 UMC(United Microelectronics Corporation)를 설립한다. 이는 대만 반도체 산업의 공식적인 출발점이 되었고, 정부 주도 아래 반도체 생산기술을 단계적으로 축적해 나가는 기반이 되었다.

모리스 창과 TSMC의 탄생

대만 반도체 산업에 결정적인 전환점이 된 인물은 바로 모리스 창(Morris Chang) 이다. 그는 미국 Texas Instruments 부사장 출신으로, 1985년 공업기술연구원의 원장으로 부임했다. 모리스 창은 당시 반도체 산업이 막대한 설비 투자 비용 때문에 진입장벽이 높고, 후발국이 추격하기 어려운 구조라는 점에 주목했다. 또한, 대만은 미국이나 일본에 비해 설계 역량이 부족했기 때문에 종합반도체(IDM) 모델을 따르기에는 무리가 있었다.

이에 모리스 창은 제조만을 전문으로 하는 새로운 사업 모델을 고안했고, 1987년 TSMC(Taiwan Semiconductor Manufacturing Company)를 설립하게 된다. 이는 전 세계 최초의 전용 파운드리로, 설계 능력은 있지만 생산 능력이 없는 팹리스 기업들을 대신해 반도체를 생산해 주는 방식이다. 이 모델은 당시로서는 혁신적인 개념이었지만, 반도체 산업이 복잡화되고 제조 공정이 고도화되면서 설계와 제조를 분리하려는 흐름과 맞물려 TSMC는 빠르게 시장을 선점해 나간다.

파운드리의 전초기지로

1980년대 후반부터 미국 반도체 기업들은 점차 생산공정을 외주화하기 시작했다. 이 흐름에 맞춰 대만은 전 세계 파운드리의 전초기지로 부상했다. TSMC와 함께 성장한 UMC 역시 글로벌 고객사를 확보하며 대만의 파운드리 산업을 이끌었다.

대만은 이를 기반으로 "팹리스-파운드리"라는 분업형 반도체 생태계를 정착시켰다. 퀄컴, AMD, 엔비디아, 브로드컴(Broadcom) 등 미국의 설계 전문 팹리스 기업들이 TSMC를 핵심 제조 파트너로 삼으며, 대만 반도체 산업은 세계 시장에서 핵심적인 위치를 차지하게 된다.

파운드리 절대 강국의 위상

TSMC는 현재 세계 파운드리 시장의 약 50% 이상을 점유하고 있으며, 3nm 이하 초미세 공정에서 사실상 독점적인 기술력을 보유하고 있다. TSMC는 애플, AMD, 엔비디아, 인텔, 퀄컴 등 글로벌 주요 반도체 기업들의 최첨단 칩을 독점적으로 양산하고 있으며, 이는 단순한 하청을 넘어 글로벌 기술 생태계의 심장 역할을 하고 있다는 평가를 받는다. 대만은 파운드리뿐만 아니라, 패키징, 테스트, 소재 등 반도체 밸류체인 전반에서도 높은 기술력을 보유하고 있으며, 이는 TSMC 중심의 견고한 산업 클러스터를 형성하게 한다.

지정학과 칩4 동맹 속의 대만

이러한 압도적인 기술력과 산업 생태계에도 불구하고, 대만의 최대 리스크는 지정학적 불안정성이다. 중국은 대만을 자국 영토로 간주하며 무력 통일 가능성을 배제하지 않고 있으며, 미국은 이를 억제하기 위해 동맹국들과 협력하고 있다. 이에 따라 미국은 대만, 일본, 한국과 함께 '칩4 동맹'을 제안하였다. 이는 반도체 공급망의 안정성과 중국 견제를 위한 연합체로, 특히 TSMC가 보유한 파운드리 기술은 칩4 동맹 내에서 대만의 전략적 가치를 크게 높이고 있다. 또한 TSMC는 리스크 분산 차원에서 미국 애리조나, 일본 구마모토, 독일 드레스덴 등 해외 생산기지 확충에 나서고 있다. 이는 글로벌 기업들의 생산 안정성 요구와도 맞물리며, 대만 반도체 산업의 지속 가능성을 확보하기 위한 전략적 조치로 평가된다.

대만의 반도체 산업은 정부 주도의 전략적 육성과 모리스 창의 파운드리 혁신 모델이 결합한 결과이다. TSMC의 성공은 곧 대만의 성공이었고, 세계 반도체 산업의 구조 자체를 바꾼 사례로 평가된다. 지금의 대만은 단순한 생산기지가 아니라, 첨단 공정 기술의 심장이자, 세계 반도체 공급망의 핵심축이다. 지정학적 긴장이라는 위협에도 불구하고, 대만은 초격차 기술력, 글로벌 고객 기반, 국제 협력을 통해 앞으로도 세계 반도체 패권 경쟁에서 중추적 역할을 지속해 나갈 것이다.

5.6. 한국: 메모리 강국에서 종합 반도체 강국으로

한국은 반도체 산업에서 세계적인 경쟁력을 보유한 국가로, 특히 메모리 반도체 분야에서는 명실상부한 글로벌 선도국가로 자리잡았다. 1983년 삼성전자가 독자적으로 개발한 64K DRAM은 한국 반도체 산업의 출발점이자, 당시 일본과 미국 중심의 반도체 시장에 던진 강력한 도전장이었다. 이후 한국은 정부의 정책적 지원과 민간 기업의 공격적인 투자, 우수한 인재 육성을 바탕으로 메모리 반도체 분야에서 급속한 성장을 이루었다.

메모리 반도체 분야의 세계적 강국

삼성전자와 SK하이닉스는 기술 개발과 공정 미세화에 막대한 투자를 지속해왔으며, DRAM과 낸드플래시 분야 모두에서 세계 시장 점유율 1~2위를 안정적으로 유지하고 있다. 특히 삼성전자는 '초격차 전략'을 통해 후발주자와의 기술·원가·품질 격차를 유지하며, 글로벌 시장에서 우위를 지키고 있다. 한국의 이러한 메모리 반도체 경쟁력은 단순한 생산 능력을 넘어, 기술 선도와 공급망 안정성 측면에서 전 세계 ICT 산업의 핵심 기반으로 작용하고 있다.

시스템 반도체로의 이동과 산업 구조적 한계

그러나 글로벌 반도체 산업의 중심은 점차 시스템 반도체(비메모리 반도체)로 이동하고 있다. CPU, GPU, 통신칩, 센서, 전력 반도체 등으로 구성된 시스템 반도체는 AI, 자동차, 통신, 의료, 국방 등 첨단 산업의 핵심 기술로 떠오르고 있으며, 전체 반도체 시장에서 70% 이상의 비중을 차지할 만큼 그 중요성이 커지고 있다.

이와 같은 흐름 속에서 한국 반도체 산업의 구조적 약점이 드러나기 시작했다. 한국의 반도체 수출 중 메모리 비중이 여전히 70% 이상에 달하며, 시스템 반도체는 설계(Fabless)와 위탁생산(Foundry) 모두에서 미국과 대만에 비해 뒤처진 상황이다. 팹리스 기업 수, 기술 생태계 다양성, 설계 자동화 인프라, 인력 풀 측면에서의 격차는 한국 반도체 산업의 지속 가능한 성장을 저해하는 요소로 지적되고 있다.

이러한 문제의식을 바탕으로, 한국 정부는 메모리 중심의 산업 구조에서 벗어나 시스템 반도체 중심으로 산업을 다변화하기 위한 전략을 수립하였다. 2021년 정부는 'K-반도체 전략'을 발표하며, 2030년까지 시스템 반도체 분야에서도 세계 시장 점유율 1위를 달성하겠다는 목표를 선언했다. 이 전략은 단순한 민간 주도 투자가 아니라, 정부와 산업계, 학계가 함께 참여하는 '민관 협력 모델'로 추진되고 있다.

파운드리 및 팹리스 생태계 강화를 위한 전략적 투자

K-반도체 전략의 핵심은 시스템 반도체 생태계의 전반적인 강화다. 그 중심에는 파운드리 산업의 경쟁력 제고가 있다. 삼성전자는 현재 세계 2위의 파운드리 기업으로, TSMC와의 격차를 줄이기 위해 2nm 이하 초미세 공정 개발에 역량을 집중하고 있다. 경기도 평택, 미국 텍사스 등 국내외 생산기지에 수십조 원 규모의 설비 투자를 진행 중이며, 고객 맞춤형 공정과 칩렛·3D 패키징 기술 등 차세대 기술 확보에도 앞장서고 있다.

SK하이닉스 역시 메모리 중심에서 벗어나 AI 반도체, CIS(이미지센서), 특화형 비메모리 분야로 사업을 확장하고 있으며, 후속 전략으로 자회사 솔리다임 및 반도체 설계 관련 기업 투자도 추진 중이다.

정부는 민간 기업의 기술 투자를 뒷받침하기 위해, 중소 팹리스 기업에 대한 금융 지원 확대, EDA 툴 국산화, 공공 R&D 인프라 확충 등의 정책을 시행하고 있다. 특히 삼성전자, DB하이텍 등과 연계한 국가 거점형 설계지원센터 구축이 추진되고 있으며, 이는 중소 설계 기업들의 초기 진입장벽을 낮추는 중요한 역할을 할 것으로 기대된다.

인재 양성과 반도체 교육 생태계 구축

한국 반도체 산업의 또 다른 핵심 과제는 전문 인력 확보다. 첨단 공정, 회로 설계, 장비 운용, 테스트 및 품질 관리 등 반도체 전 주기에 걸친 고급 기술 인력이 절대적으로 부족한 상황에서, 정부와 대학, 기업은 교육 인프라를 확장하고 실무 중심의 인재 양성 시스템을 강화하고 있다.

정부는 반도체 관련 학과의 정원을 확대하고, 반도체 계약학과를 신설하여 기업 맞춤형 인재를 양성하고 있다. 전국 거점 대학 중심의 반도체 특성화 대학이 지정되고 있으며, 학부와 석·박사 과정에서의 실습 교육 비중이 확대되고 있다. 이와 더불어 재직자 재교육, 고등학생 대상의 조기교육 프로그램, 지역 인력 연계 사업 등 다층적인 인재 육성 체계가 마련되고 있다.

민간 기업들 역시 장학금, 인턴십, 공동 연구 과제 등을 통해 인재 유치와 기술 인력의 현장 적응력 향상에 기여하고 있다. 특히 삼성전자와 SK하이닉스는 자체 교육 아카데미를 운영하며, 생산·설계·공정 분야의 숙련도를 체계적으로 끌어올리고 있다.

이처럼 한국의 반도체 전략은 단순히 메모리 초강국이라는 기득권에 안주하지 않고, 시스템 반도체, 파운드리, 팹리스까지 포함한 종합 반도체 강국으로의 전환을 지향하고 있다. 기술 초격차를 유지하면서도, 설계 생태계를 육성하고, 글로벌 공급망을 다변화하며, 전문 인재를 양성하는 네 가지 전략축은 한국 반도체 산업의 미래 경쟁력을 결정짓는 핵심이다.

앞으로 한국이 메모리 외에도 시스템 반도체 시장에서도 기술력과 생산능력을 동시에 갖춘 국가로 도약하기 위해서는, 장기적 안목에서의 정책 지속성, 기술 투자, 글로벌 연대가 필수적이다. 이러한 방향성이 제대로 추진된다면, 한국은 단순한 부품 생산국이 아닌, 미래 산업을 선도하는 기술 전략국가로 자리매김할 수 있을 것이다.

맺음말

호기롭게 집필을 시작했지만, 막상 시작해보니 결코 만만한 작업이 아니었다. 아무에게도 읽히지 않는 책을 쓰는 것은 아닐지, 책으로서 최소한의 수준조차 갖추지 못한 것은 아닐지 걱정이 앞섰다. 첫 원고를 반도체 비전공자 지인들에게 보여줬을 때, 대부분이 어렵고 잘 읽히지 않는다는 반응을 보였고, 그에 좌절하여 집필을 잠시 중단하기도 했다. 그러다 1년 정도의 시간이 흐른 후, 다시 용기를 내어 집필을 재개하면서 시간이 더욱 오래 걸렸던 것 같다.

이 책을 처음 쓰기 시작했을 때부터, 심화된 전문 지식을 전달하기보다는 반도체에 대해 잘 모르는 분들을 위한 교양서로 기획했다. 부디 이 책이 독자 여러분이 반도체를 조금 더 가깝고 친근하게 느끼는 데 작은 도움이 되었으면 하는 바램이다. 이미 반도체는 우리 생활과 떼려야 뗄 수 없는 관계가 되었기에, 반도체에 대한 기본적인 이해는 살아가는 데 있어 여러모로 도움이 될 것이다.

책을 쓰면서 새삼 느낀 점은 '쉽게 쓰인 책은 없구나'였다. 내가 어렵게 썼다고 해서 그것이 독자에게 유익한 것은 별개의 문제이지만, 이 책이 조금이라도 유익한 지식과 정보를 제공할 수 있다면, 그 자체로 집필의 의미가 있다고 생각한다.

끝으로, 다시 집필할 수 있는 용기를 북돋아 주고, 헌신적으로 지지해준 가족 덕분에 이 책을 끝까지 완성할 수 있었다. 사랑하는 아내 정은과 둘도 없는 아들 지후에게 진심으로 사랑과 감사의 마음을 전한다.

2025년 무더운 여름에

참고문헌

1. 핵심이 보이는 반도체공학, 권기영, 한빛아카데미
2. 반도체이야기, 매일경제신문 산업부, 이지북
3. 반도체오디세이, 이승우, 위너스북
4. Silicon VLSI Technology, James D. Plummer, Michael D. Deal, Peter B. Griffin, Prentice Hall
5. 실리콘 집적회로 공정기술의 기초, 최우영, 박병국, 이종덕, 문운당
6. 반도체삼국지, 권석준, 뿌리와이파리